国 际 时 尚 设 计 丛 书 · 服 装
法 国 服 装 实 用 制 板 技 术 讲 座

法国时装纸样设计

[法] 特雷萨·吉尔斯卡 / 著
高国利 / 译

立体裁剪编

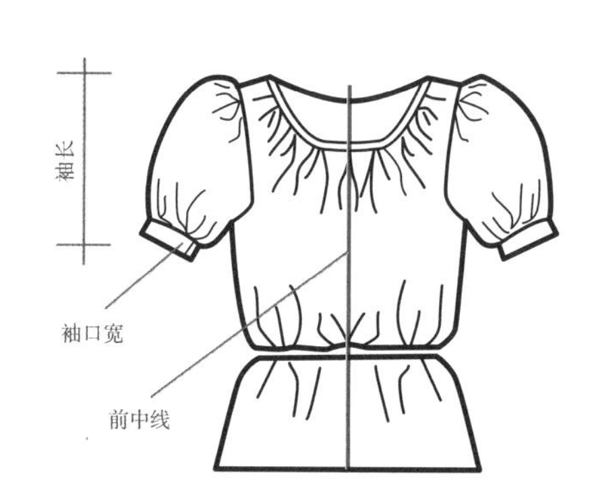

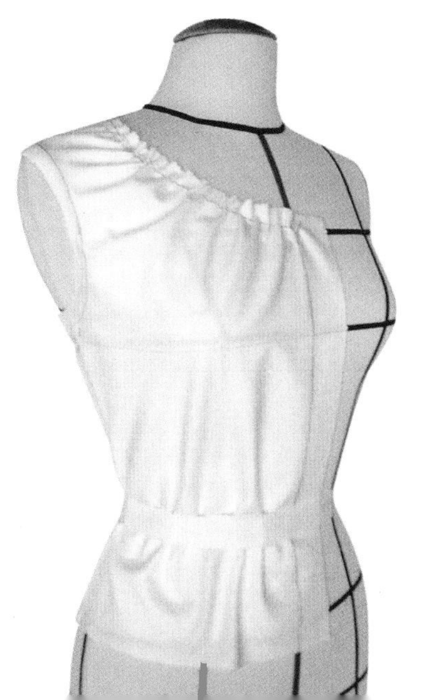

中国纺织出版社

内 容 提 要

本书主要讲述了立体裁剪的工具与准备，省道、领子、袖子、上衣、裙子的立体裁剪，以颇具代表性的服装款式为例，叙述了立体裁剪的步骤与方法。本书内容丰富、图文并茂、实用易学，循序渐进地介绍了立体裁剪的关键要点，令读者通过扎实的基础知识学习，步步深入的操作技巧演练，不断地培养创造力和想象力。

本书可以结合《法国时装纸样设计　平面制板基础编》《法国时装纸样设计　平面制板应用编》《法国时装纸样设计　婚纱礼服编》一起使用，也可单独使用。可供高等院校服装专业师生学习使用，服装企业设计人员、技术人员阅读，也可供广大服装爱好者自学参考。

原文书名：*Le Modélisme de mode Volume 3: Moulage, les bases*

原作者名：Teresa Gilewska

译者姓名：Gao Guoli

著作权合同登记号：图字：01-2010-1828

图书在版编目（CIP）数据

法国时装纸样设计. 立体裁剪编/（法）吉尔斯卡著；高国利译. —北京：中国纺织出版社，2014.7（2017.10 重印）

（国际时尚设计丛书. 服装）

法国服装实用制板技术讲座

ISBN 978-7-5180-0464-5

Ⅰ.①法… Ⅱ.①吉… ②高… Ⅲ.①服装设计—纸样设计②立体裁剪 Ⅳ.①TS941.2②TS941.631

中国版本图书馆CIP数据核字（2014）第036816号

策划编辑：张晓芳　　责任编辑：魏　萌　张　祎　　特约编辑：朱　方

责任校对：楼旭红　　责任设计：何　建　　责任印制：储志伟

中国纺织出版社出版发行

地址：北京朝阳区百子湾东里A407号楼　邮政编码：100124

销售电话：010—67004422　传真：010—87155801

http：//www.c-textilep.com

E-mail：faxing@c-textilep.com

官方微博 http://weibo.com/2119887771

北京新华印刷有限公司印刷　各地新华书店经销

2014年 7 月第1版　2017年10月第2次印刷

开本：787×1092　1/16　印张：13.5

字数：100千字　定价：58.00元

凡购本书，如有缺页、倒页、脱页，由本社图书营销中心调换

前言

这本书，融汇了我在服装结构设计领域三十余年的工作经验。

作为一名老师，我曾在波兰、法国和中国教授服装结构设计学中的“立体裁剪”课程。对于我的学生们来说，立体裁剪比平面打板更容易理解。虽然这两种方法在制板速度和精确度方面效果差不多，但是，对于制作造型复杂、具有创意的款式，立体裁剪无疑更具优势。

有些学生会觉得，即使不了解服装的结构，也可以学习立体裁剪。其实，如果我们能掌握一定和必要的基础知识，如人体结构、服装构成、服装设计、结构图绘制、布料计算等，那会在很大程度上帮助我们更顺利地学习立体裁剪。

用立体裁剪的方式制板，容易学，但要求你有足够的耐心和细心。最后完成的效果，取决于你是否严格地按照本书所介绍的方法和步骤进行操作。

立体裁剪是一个值得推荐的制板方式，因为它非常直观，并且在进行操作过程中，仍有很大的再创作和想象的空间留给设计者。

本书将循序渐进地介绍立体裁剪的关键要点，希望能给大家带来的是扎实的基础知识，步步深入的操作技巧演练。这本书对于在校学生学习制板也是很好的知识补充。

为了更好地学习立体裁剪，建议你同时学习我编写的另一本书《法国时装纸样设计　平面制板基础编》，因为这可以帮助你了解打板的基本规则和服装的结构。

最后，再强调一点：不要忽视创造力和想象力，因为这会让我们创造出更多更好的服装款式。

特雷萨·吉尔斯卡

目录

一、概述

立体裁剪，是服装结构设计中常用的一种设计方法，目的是为了获得正确的服装样板。

与平面制板相比，立体裁剪要求的是要尊重规则和不太严谨的计算。立体裁剪是一种更为自由的制板方法，更能满足富于想象力的创作需求。

得到正确的服装样板，目前有几种立体裁剪的方法。 立体裁剪要求的是创造力和探索精神，在工作过程中，我们可以不断地修正结构，获得更让人满意的样板。如果我们掌握了基本规则(人体结构线)，立体裁剪是一种非常实用的制板方法。

如果说立体裁剪能够给设计师提供更为自由的创作空间，那作为服装结构设计师，就要通过不断练习和实践，纯熟地运用这个方法和技巧。

本书所要介绍的立体裁剪技巧，是我在长期服装结构设计工作中累积的经验。

人体模型

为了制作一件衣服，首先我们必须通过平面制板或立体裁剪（以下简称为立裁）的方式做出样板。

立裁是用白坯布，直接在人体或者专用人体模型上做出省道、袖窿、领圈……

通过立裁得到坯布样板后，再根据一定的技术规则将坯布样板复制在打板纸上。

对于高级服装定制而言，样板和样衣是根据顾客的体型制作的，一般当一件服装完成后，不需要再进行修改。

目前有两种人体模型被较广泛运用于立体裁剪。

图1–1

伸缩人体模型

此种人体模型采用坚硬的材料制成，外包一层有弹性的面料，借助专业安装师的帮助，操作者可以根据需要调节人体模型的外观，使它接近穿衣对象的体型（图1–1）。

标准人体模型

此种人体模型由较硬的材料制成，按照标准尺寸生产。

所以操作者不可能做较大的尺寸改动，除了一些细微的修正，如改变某些局部的形状、增加胸部或臀部的围度等（图1–2）。

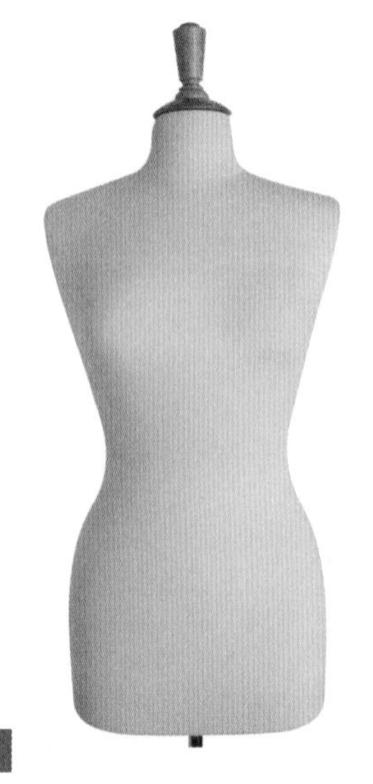

图1–2

立体裁剪的方法

用立裁的方式获得样板，目前有两种方法被广泛运用。

第一种，有基础样板的立裁。

第二种，没有基础样板的立裁。

这两种方法都是正确的，样板师可根据自己的经验选择。

有基础样板的立裁

这个技巧在本书中未被提及，因为它要求学习者具有平面制板的基础。同时，也要求一定的结构设计和款式设计经验。

用这个方法立裁，首先要根据所给出的尺寸，画出基础样板，然后再根据基础样板，用白坯布剪出所有的衣服部件(后衣片、前衣片、衣袖、衣领……)，最后将这些部件拼合，穿在人体模型上进行修改（图1–3）。

所以，有基础样板的立裁，仅仅是按照步骤在人体模型上调节、修正的过程。

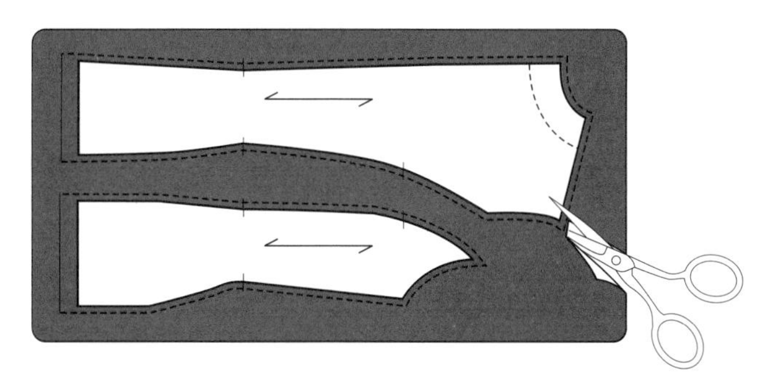

在坯布上剪出基础样板

图1–3

通过在人体模型上试样，对基础样板可以做一定的修正，然后再记录下来。

有基础样板的立裁多被用于成衣生产，因为经过试样修正，可以得到一个正确的、可用于工业化生产的样板。

没有基础样板的立裁

运用这个方法，不需要相关的工作经验，也不需要对平面制板的掌握。

在练习过程中，我们将逐步掌握核心知识，如服装构造、人体和结构基础等。

这个方法要求制板师有足够的耐心和大量的时间，因此在工业化生产中较少被使用。但是在定制高级时装时，它可以帮助我们实现各种独特的创意。

除此之外，它还具有另外一些优点：

— 不需要提前准备一个基础样板，然后再修正。

— 当样板从人体模型上取下时，已经相当完整，不需要再做修改即可使用。

— 与平面制板相比更准确。

— 最后，能使学习者更容易地了解服装结构和制作步骤。同时，因为掌握了最重要的尺寸数据，我们随时能将它转换成平面样板。

工具准备

在我们动手进行立体裁剪之前，必须准备以下工具。

大头针

大头针用于固定和拼合衣片。为了方便使用，通常选择长度为3.5cm、针顶部直径为0.4mm或0.45mm的大头针（图1–4）。

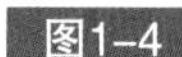

图1–4

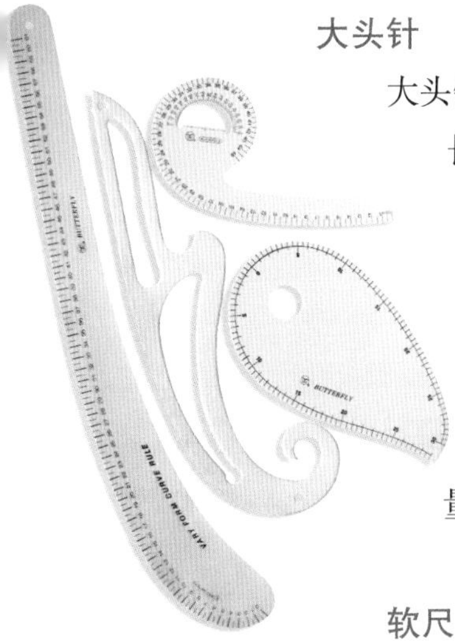

曲线板

曲线板多用于绘制弧线。一般大尺寸的曲线板使用较多，但有时，我们可以用一组形状大小各异的曲线板来测量各种角度和画出不同的弧线（图1–5）。

图1–5

软尺

通常使用的软尺长度为150cm（图1–6）。

图1–6

笔

进行立裁需要准备以下画笔（图 1–7）:

— 专用铅笔，可直接在坯布上画线，有黑色、红色和蓝色。

— 2B铅笔和普通HB铅笔。

— 黑色和红色的原子笔。

图1–7

方格尺

我们需要准备两种尺：

— 至少50cm的直尺（图1–8），用于画直线。这种尺是透明的，标有刻度、角度、垂直线、平行线等。

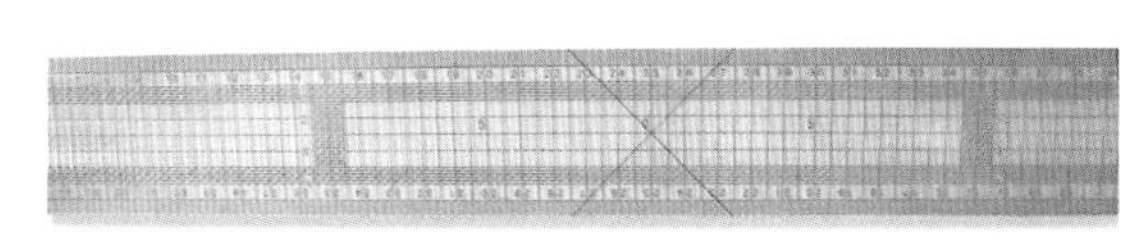

图1–8

— 软塑料尺，长约30cm，可以用于测量弧线的长度（图1–9）。

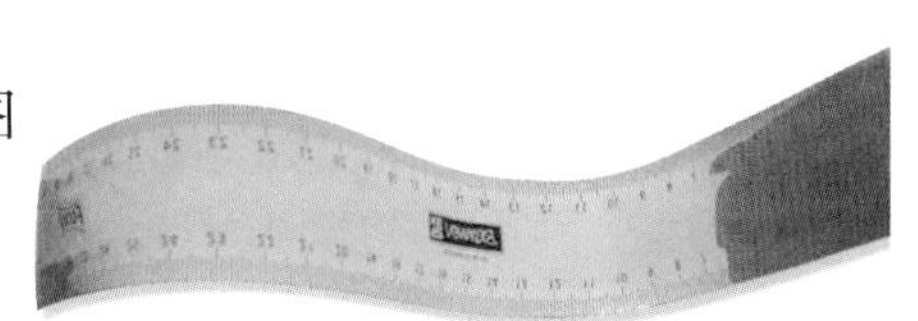

图1–9

针插

目前广泛使用的手镯式针插有两种：加吸铁石金属平面的 (图1–10) 和在表面加半圆软垫的(图1–11)。针插在立体裁剪过程中，是必不可少的工具。所以，要放在方便拿取的地方，通常戴在手腕上或者放在人体模型上。

图1–10

图1–11

剪刀

剪刀的形状不是太重要。为了方便使用，不建议选择太重的剪刀。但刀刃必须锋利，长度至少20~25cm (图1–12)。另外，如果需要把面料剪成锯齿状的边缘，则要使用花剪（图1–12）。

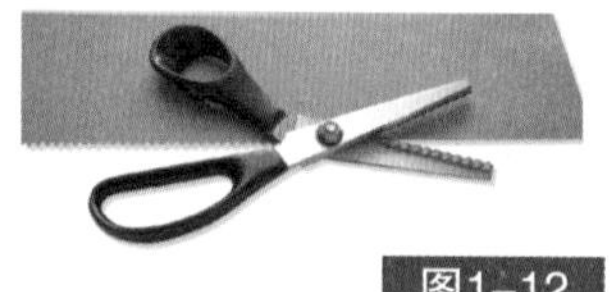

图1–12

滚轮（描线器）

图1–13

将坯布样板复制到纸上，需要用到滚轮。将它压在坯布样板上，沿着轮廓线滚过，垫在底下的打板纸上就会留下针孔状的线迹（图1–13）。

大头钉

在复制纸样板时，需要用大头钉将衣片固定在工作台上（图1–14）。

图1–14

标线

立裁用标线为宽约0.5cm的软细带。可以用它在人体模型上标示纵向结构线(背中线、前中线等) 和横向结构线 （胸围线、袖窿线等）。

一般用红线表示背中线和前中线，黑线表示其他线。

白坯布

立裁用的坯布要符合以下条件：

— 不能有弹性，这样才能保证样板的准确性。

— 不容易起皱，我们通常仅在开始工作之前熨烫一次坯布，因为高温会改变布的丝缕方向，从而导致衣片变形，影响样板的准确性，如必须对衣片进行多次熨烫，则要调到低温。

— 坯布必须柔软，纱线排列不能太密，这样方便使用大头针。

— 选择自然色或白色。

— 有足够的牢度，但不能太厚。

在裁布时，要注意坯布的经纱和纬纱方向。纬纱指布匹的幅宽方向，经纱指布匹的长度方向（图1–15）。

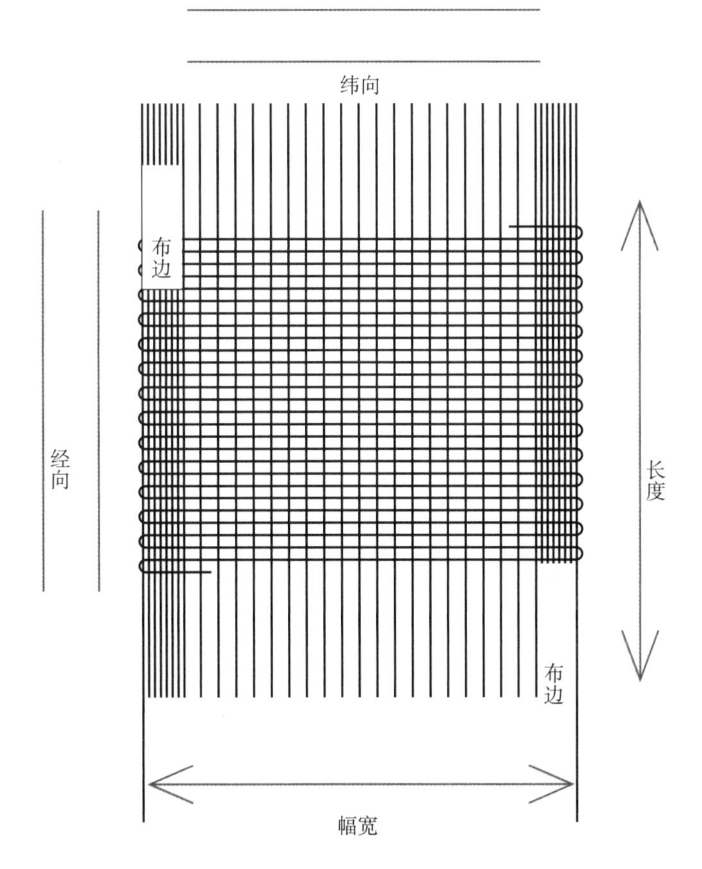

经纱和纬纱

图1–15

为了正确辨识纱线的经向和纬向，可用双手轻拉布料。如果在经纱方向拉，布不会有任何改变，是很牢固的（图1–16），如果在纬纱方向拉，会有一定的弹性，比较容易将纱线拉开（图1–17）。

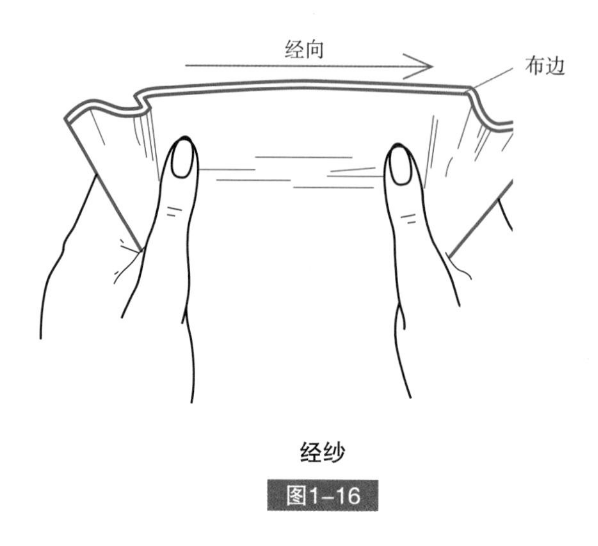

经纱

图1–16

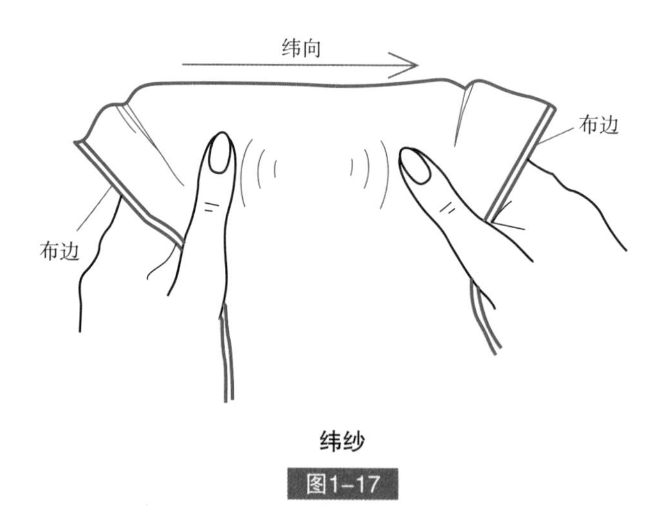

纬纱

图1–17

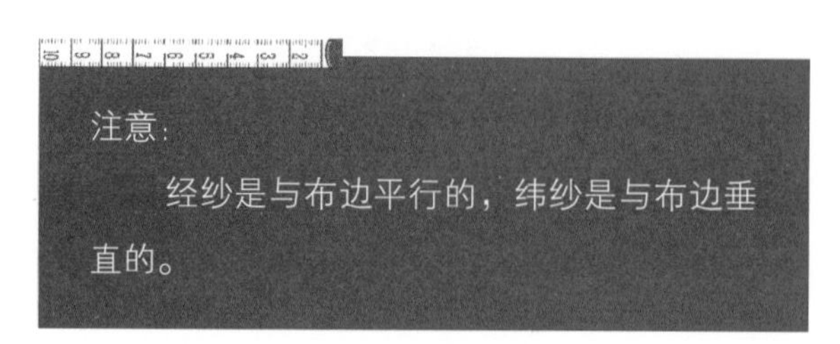

注意：

经纱是与布边平行的，纬纱是与布边垂直的。

使用大头针的技巧

在立裁过程中，大头针是非常重要的工具。它必须足够长（35cm）、足够细（针头直径0.45mm），这样的细度可以方便大头针轻易地穿过布料，而这个长度与短的大头针相比，能使衣片表面看起来更加平整。

在坯布上别大头针时，不需要插到头，可以留一部分在外面，约$\frac{1}{4}$大头针长度，这样方便取针。

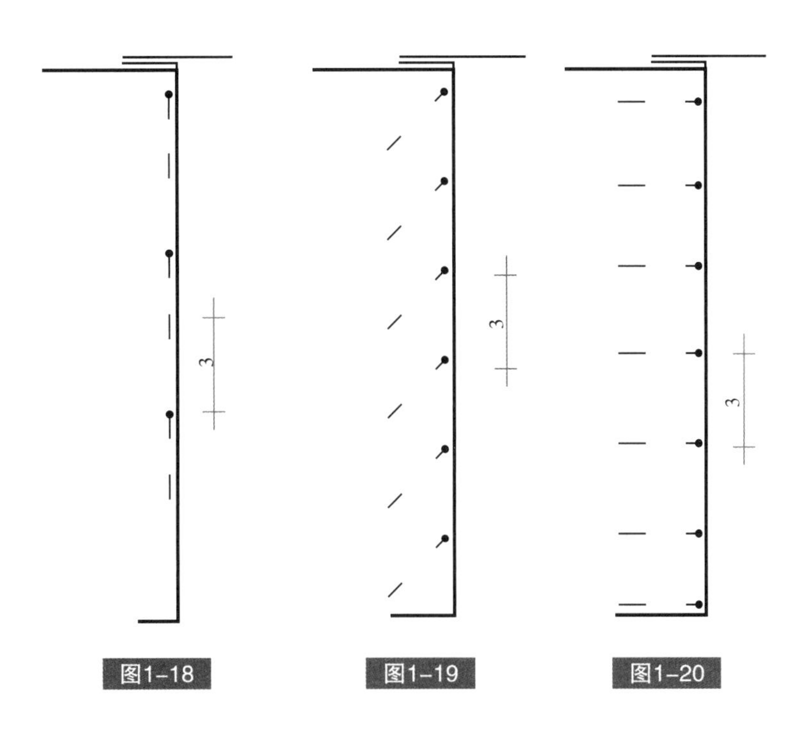

图1-18　图1-19　图1-20

别大头针

可以采取垂直别针（图1-18）、45°斜角别针（图1-19）或者水平方向别针（图1-20）。

在立裁中，我们用大头针来替代缝线将衣片拼合在一起。因此，拼合部位大头针的排列必须整齐，这样才能根据大头针的位置，正确画出样板。

大头针的间距通常为3cm。太靠近会使拼合部位的衣片变形；离太远则影响准确性，在描点时容易出现错误。

描点

描点是指在坯布上用小点做记号，标注衣服的结构线或衣片的轮廓线。例如，后片和前片拼合线、侧缝线、肩线、省道位置等。这些小点随后会被用直线和弧线连接起来。

描点是立体裁剪中重要的一步，要求精确和细致（图1-21、图1-22）。

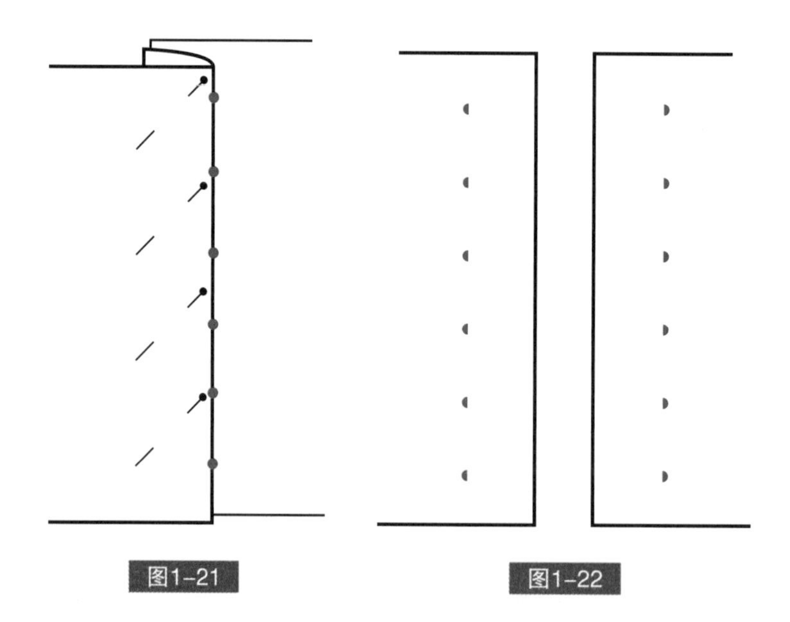

图1-21　　图1-22

两种拼缝技巧

用大头针拼合衣片有两种方法：

— 缝份在衣服的外部。

— 缝份在衣服的内部。

这两种方法都是正确的，且使用广泛（图1–23）。

缝份在外

使用这个方法，要在坯布的正面进行工作。因为所有的缝线都是可以看到的，这需要样板师有一定的立裁经验。拼合线要求干净，描点要分布均匀，因此在使用大头针时要顾及两边的缝份。

对于比较复杂的款式(如有很多的分割线)，在衣服的正面也需要别大头针，以便于调整。

缝份在内

本书在介绍立裁步骤时，采用的是这种方法。因为无论是分割线位、别针方式，还是描在布上的点都能看得更加清楚，因此更适用于教学。使用这种方式，工作的每一步和最后的成果都清晰明了，完成后不需要在反面加大头针。

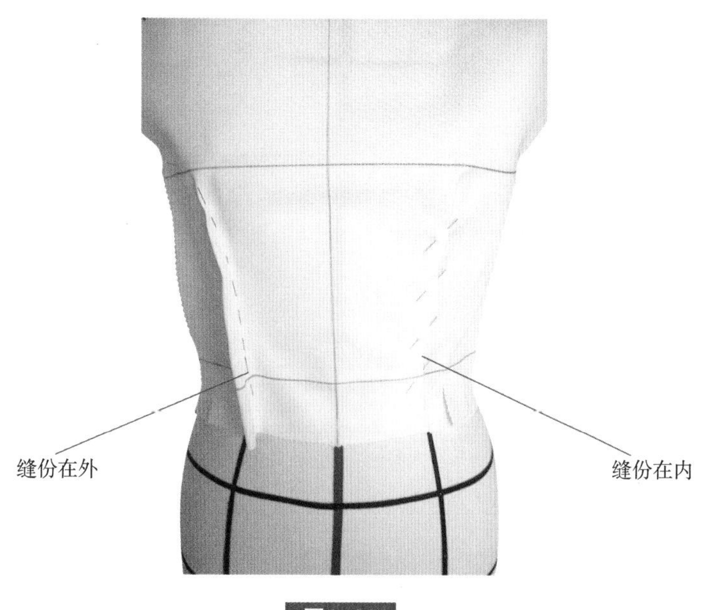

图1–23

缝份

缝份是指两个衣片缝合的部位。通常我们会留1~2cm的缝份，并且折向衣服的里侧。

一般我们通过熨烫，将两个缝份分开，这样，从衣服正面看起来，缝线更加平整。

但如果服装面料过于轻薄，则将缝份合在一起，并向一边烫倒。这种方式在立体裁剪时常被使用。因此，我们需要知道，缝份应该倒向哪一边（图1-24~图1-26）。

图1-24

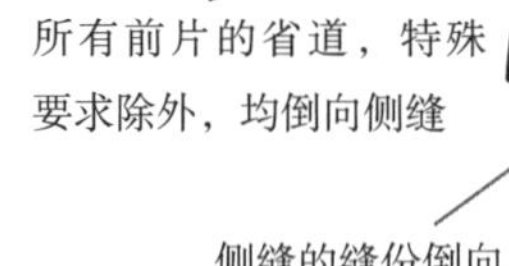

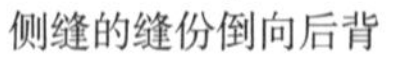

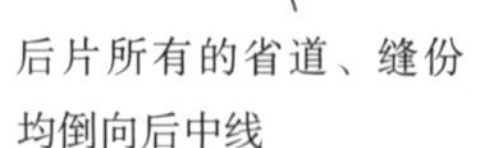

图1-25

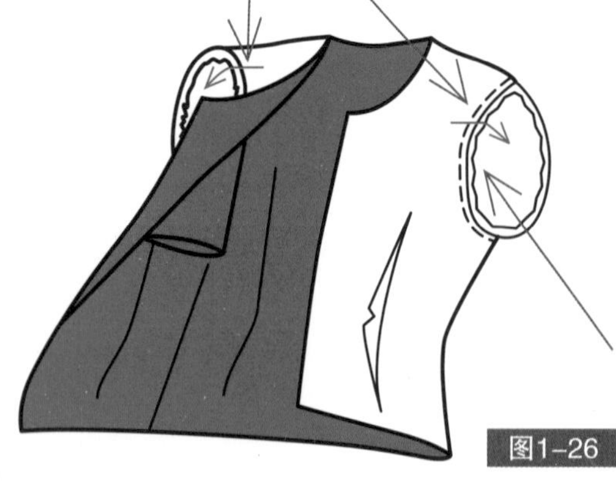

图1-26

贴标线

这个步骤要求我们非常的专心。立裁最后完成的样板是否正确，取决于我们是否在一开始，就非常精确地在人体模型上“贴标线”。

后中线

首先，我们要从最重要的两条结构线开始：后中线和前中线。这两条线不仅保证了最后成衣的外观，同时也是其他水平结构线的参照线（胸围线、臀围线……）。

如图1–27所示，首先水平放置一把直尺，连接人体模型的两个肩端点。将测量所得的尺寸除以2，从而获得后中线的正确位置。然后，垂直放置另一把短尺，找到后中线和人体模型领口线的交点，用一根大头针在这个位置固定标线的一端。注意在标线顶端留出2~3cm的余量。

为了让后中线能够绝对垂直，我v们可以在标线的底端绑上一个比较轻的砝码（或一把尺、一把剪刀），并使它自然下垂。然后在人体模型底边处，用第二根大头针45°角斜插固定标线。

第三根大头针固定在腰线处。

为了能牢牢地固定标线，我们要使用长度在5~7cm的大头针。

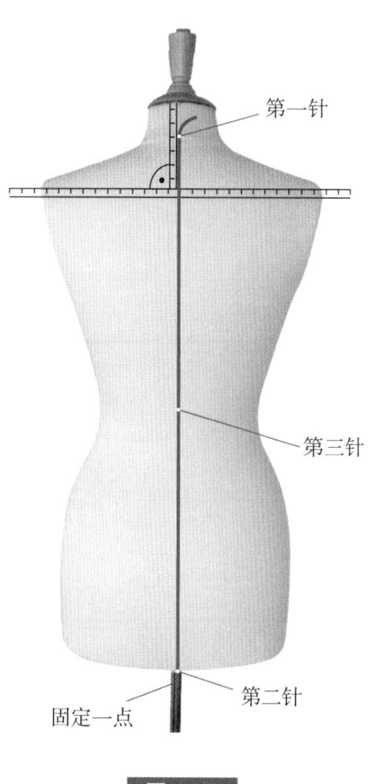

图1–27

注意：

在使用大头针时，切忌90°角垂直插针，因为这样针会很容易被拔出。45°角插针可以确保大头针不会被拔出，也不会移动位置。

前中线

第二条重要的结构线是前中线（图 1–28），通常用红色标线表示。

为了找出正确的前中线位置，可以使用与后中线相同的方法。

为了确保第二根固定在腰部的大头针位置正确，我们可以测量后中线至前中线的距离，左半圈和右半圈的长度应该是相等的。

用相同方法，找出位于臀围线处第三根大头针正确的位置。

为了牢牢地固定标线，我们要使用长度在5~7cm的大头针。

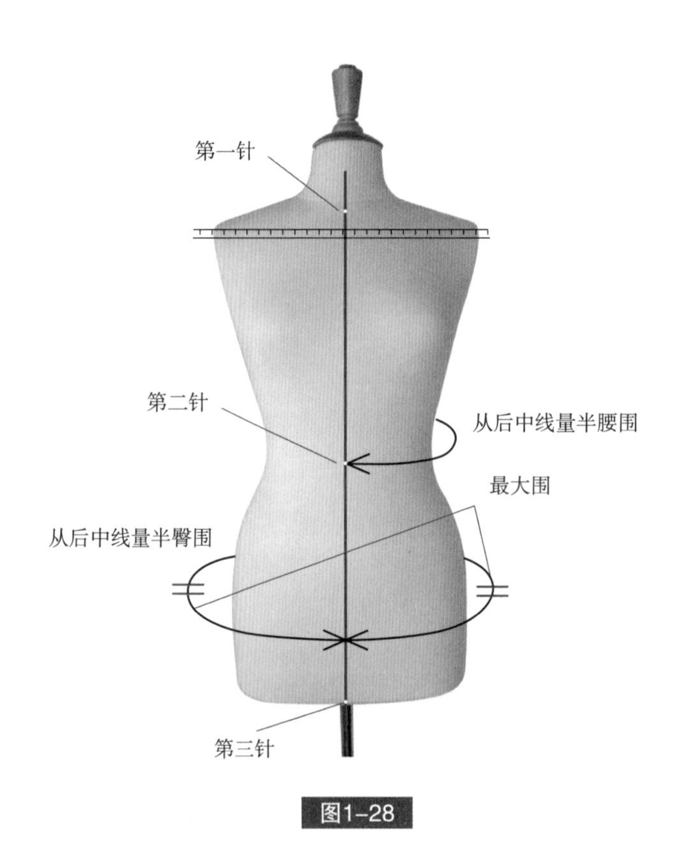

图1–28

腰围线

在完成了垂直结构线——后中线和前中线之后，现在我们来确定腰围线（图1–29）。

腰围线是一条非常重要的参照线。以它为基础，可以定出其他的结构线。因此，它必须百分之百的正确。为此，我们可以在地上垂直放一个参照物，或者用最简单的方法，将人体模型紧靠在墙边，然后用一把短尺，垂直于墙面放置，以获得绝对的水平线。轻轻转动人体模型，检查腰围标线的每一个点是否都在同样的高度。

用这个方法，可以得到完全水平的腰围线。

通常我们将腰围线两端的接头置于后中标线底下，当然也可以放在任何垂直标线的下面。

做最后检查，确保腰围线和背中线、前中线呈90°直角。

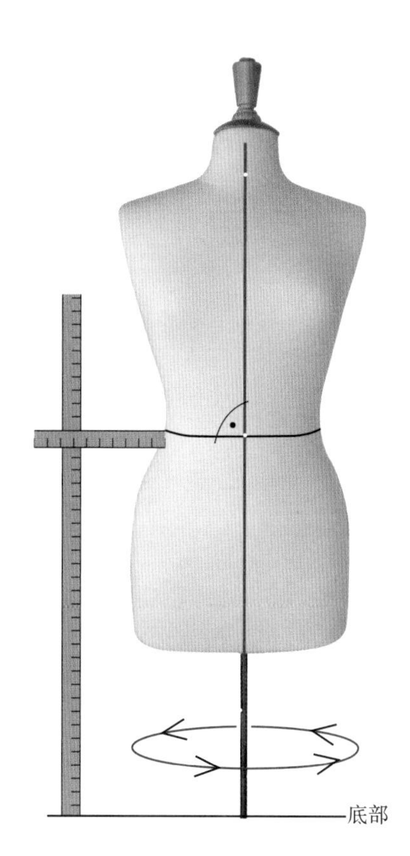

图1–29

其他水平结构线

借助垂直参照物或水平参照物在人体模型上贴其他水平结构线（图1–30)。

1.胸围线

通过胸高点的水平标线，即胸围线。

2.臀围线

通过臀高点的水平标线，即臀围线。参照号型标准，40码的服装，臀高为20cm。每加大或减小一个尺码，臀高的位置相差0.25cm（参见《法国时装纸样设计　平面制板基础编》一书）。

3.腹围线

腹围线的位置在腰围线和臀围线之间$\frac{1}{2}$处。

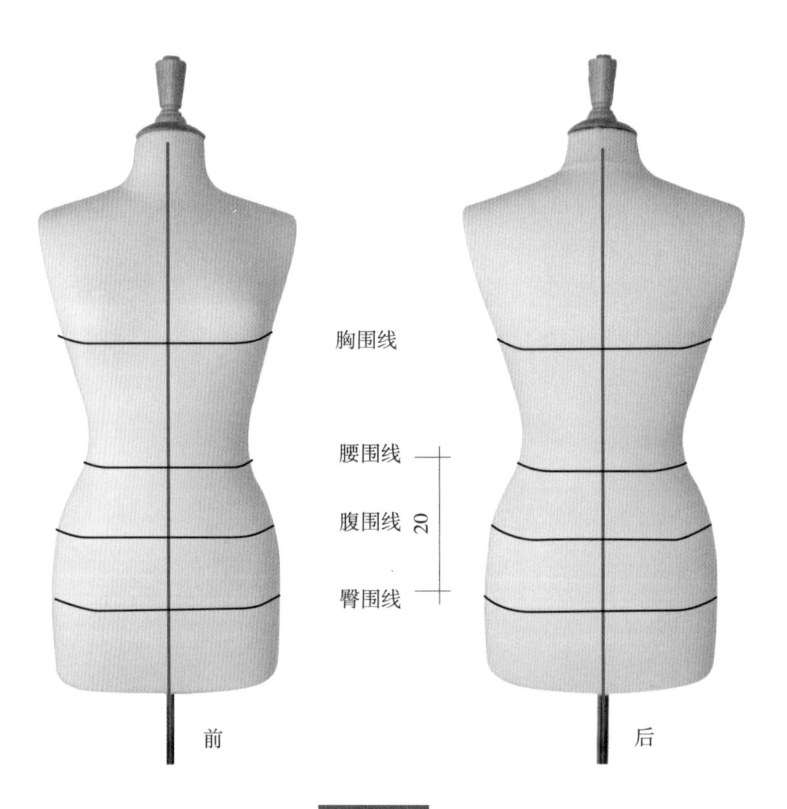

图1–30

侧缝线

为了固定侧缝线（图1-31），首先我们要在人体模型的侧颈点上用一根大头针固定住标线一端。注意要留出2~3cm的余量。

第二根大头针固定在肩端点上，标明肩宽。建议可以使用彩珠大头针，这样在看肩宽时更加清楚，方便以后的工作。

为了找出侧缝线在腰围线上的固定点，可以先测量后中线至前中线的水平距离，然后除以2。在这个点的基础上，往后中线方向移动1cm，固定第三针。例如，后中线至前中线的距离是34cm，除以2得到17cm，然后从前中线往后量出17cm+1cm=18cm，找到侧缝线的点。这个点距离后中线则为17cm-1cm=16cm。

用同样的方法，找出侧缝线在臀围线上相应的点。

为了牢牢固定标线，要使用长度在5~7cm的大头针。

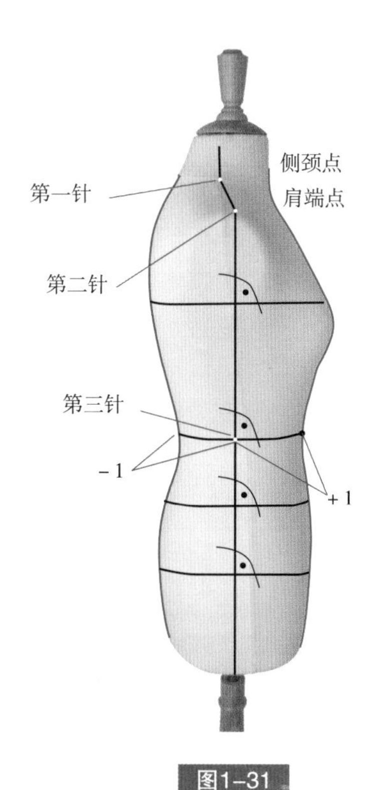

图1-31

注意：

侧缝线必须与胸围线、腰围线和臀围线保持90° 直角。

后片省道（或分割线）

后片的省道（肩省、腰上省和腰下省）可以放在同一条线上，这就形成了基本的分割线（图1–32）。对于前片省道也是一样。

将背长和前中长相加，根据得出的长度准备一根标线。

① 标线的中点用大头针固定在小肩线的$\frac{1}{2}$处。

② 轻拉标线至后背腰围线处，在后中点和侧缝点之间$\frac{1}{2}$处插入大头针。

③ 在臀围线上，从后中点到省道（分割线）的距离，等于胸围线上后中点到省道（分割线）的距离。找到这个点，然后用大头针将标线固定。

臀围线以下，我们让标线自然下垂至人体模型底部。

为了牢牢地固定标线，要使用长度在5~7cm的大头针。

注意：

左侧的省道分割线要与右侧完全对称。

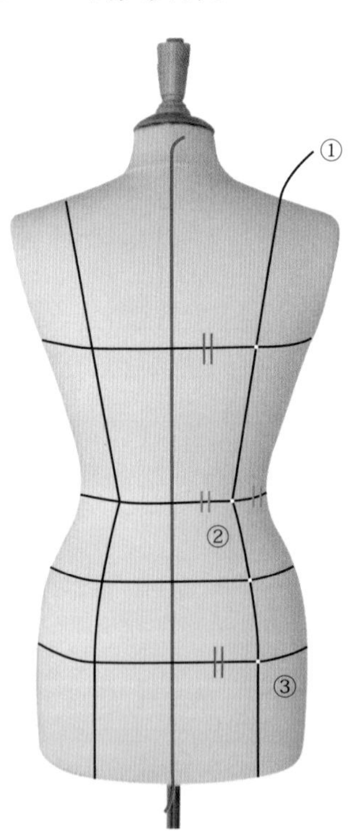

图1–32

前片省道（或分割线）

与后片相同，可以将前片的省道（肩省、胸省和腰省）放在同一条线上，就形成了基本的分割线（图1–33），称为通天省。

找出点位①和②的方法与后片相同。将标线对折，中点用大头针固定于肩部，下拉标线，在胸高点处固定第二根大头针。

测量出半乳间距（前中线到胸高点的水平距离），然后在臀围线上，从前中线向侧缝线量出同样的距离，即得到省道线的位置。如图1–33中点③所示。

腰围线上点④的位置，取决于腰省的大小，它需要通过计算胸腰差获得。一般采用2.5cm的腰省量，不超过3cm。

我们先在腰围线上量出乳间距的一半，然后减去2.5cm，就得到点④的位置，用大头针将标线固定。

从臀围线以下，让标线自然下垂至人体模型底部。

为了牢牢地固定标线，要使用长度在5~7cm的大头针。

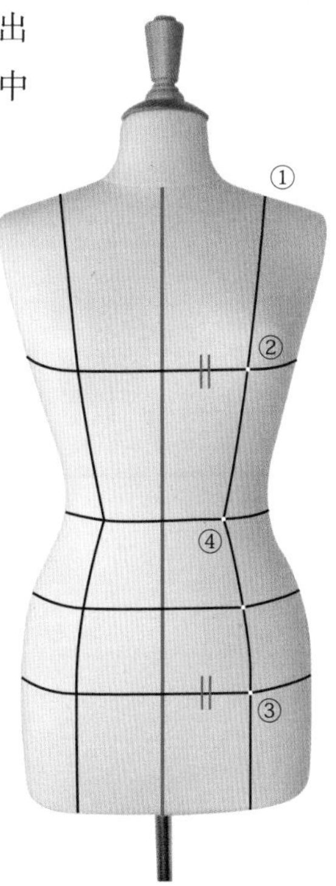

图1–33

注意：

左侧的省道分割线要与右侧完全对称。

袖窿弧线

立体裁剪所使用的人体模型，是根据人体，参照标准尺寸，通过反复研究制作而成的。因此，在人体模型外包布时，已经对结构有了很准确的分析。有些小的局部，如袖窿和领口，在贴标线时，完全可以参照人体模型的包布缝合线。袖窿弧线（图1–34），可沿人体模型背、肩、胸部和手臂截面的边缘转折面来贴。而袖窿最顶端至最底端的距离，比人体臂根的实际尺寸低2cm。

图1–34

背宽线、胸宽线

贴出袖窿弧线后，就可以开始贴背宽线/胸宽线。

首先在袖窿两侧，垂直放两把直尺（图1–34）。然后用另一把水平放置的直尺，分别找到前后袖窿弧线开始形成的位置。这两个点的连线就是背宽线、胸宽线的位置（图1–34，红线）。将连线水平方向延长，用标线贴出，就得到背宽线、胸宽线（图1–35）。

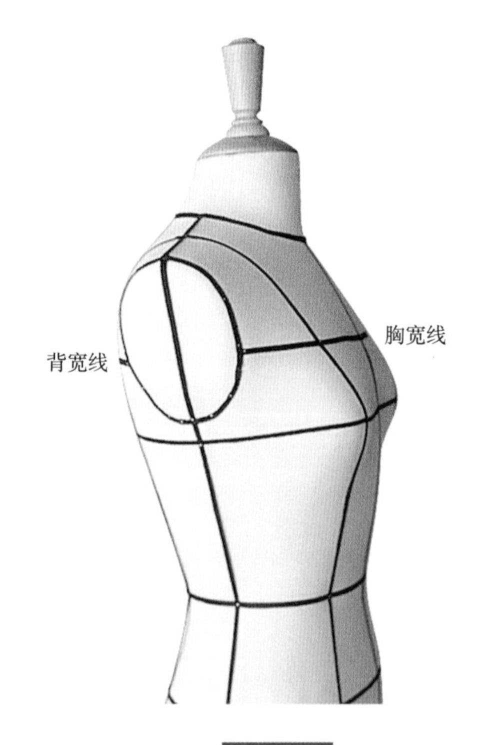

图1–35

领口线

在人体模型外包布时，就已经有了领口的缝合线。

我们可以参考此线，用标线贴出（图1–36）。

结束

至此，在人体模型上贴标线的工作已经全部完成。所有的垂直线和水平线都是立裁过程中，需要用到的结构参考线（图1–37）。

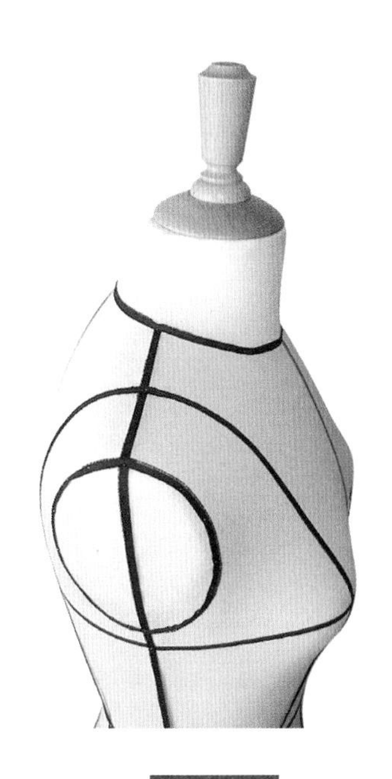

图1–36

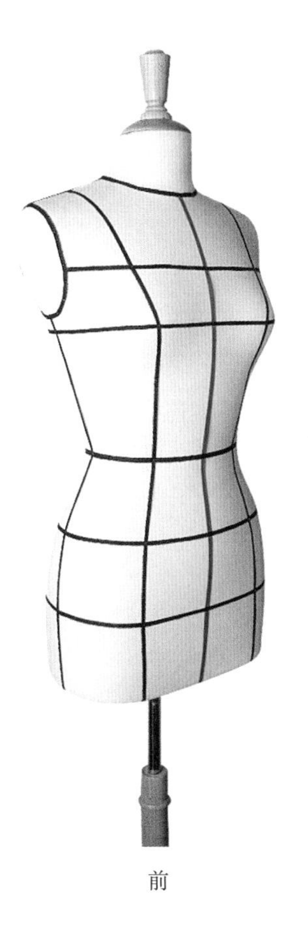

前

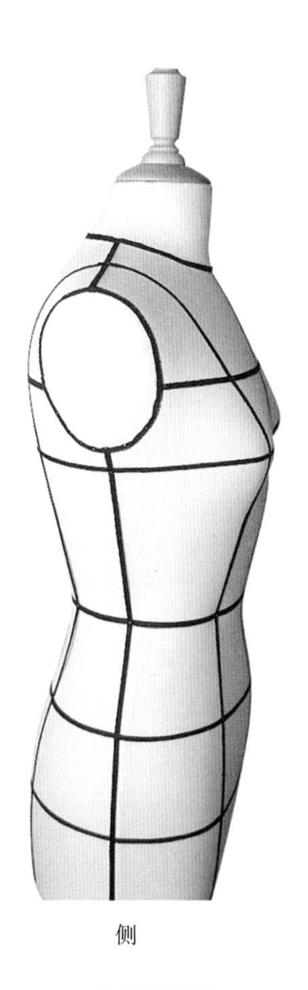

侧

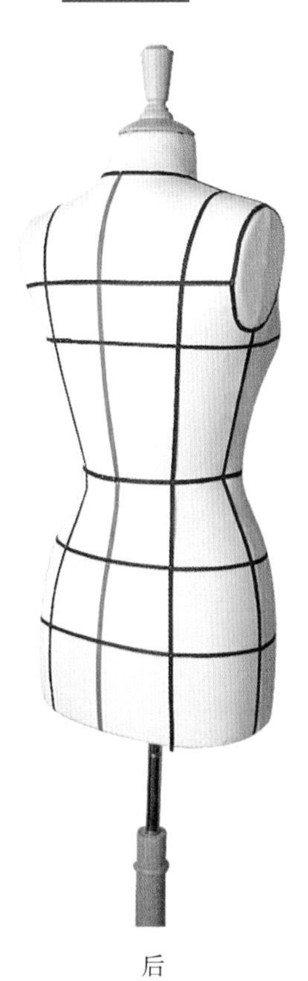

后

图1–37

二、上衣原型立裁步骤

本章将详细介绍制作上衣原型板的方法和步骤。从绘制款式结构图开始，一直到完成最后样板。

我们将一步步地学习如何裁布、如何定位线条、如何调整省道以及如何在人体模型上创作，并最后得到一个完整的样板。

在学习理论后，必须花时间做大量练习，这样才能更好地理解和掌握。

在这里，要强调两条基本原则：立裁时，坯布上所画出的结构线，必须与人体模型上的标线相吻合；严格按照书上所讲的立裁步骤，来完成上衣的重要部位——袖窿、领口、省道等的立体裁剪。

款式结构图

在用立裁的方法制作样板前，先要画出款式效果图（图2-1）或款式平面图（图2-2）。

完成这些图需要有一定的绘画技巧。

尤其是款式结构图，对于立裁来说是必不可少的。

我们要在图上清楚地注明主要部位的尺寸（胸围、胸高、腰围等）。有时候，根据款式需要，还要注明一些细节，如缝线、后整理、面料质地，还有一些部位的具体尺寸，如领宽、袋口大、衣长、袖长等。

款式效果图

图 2-1

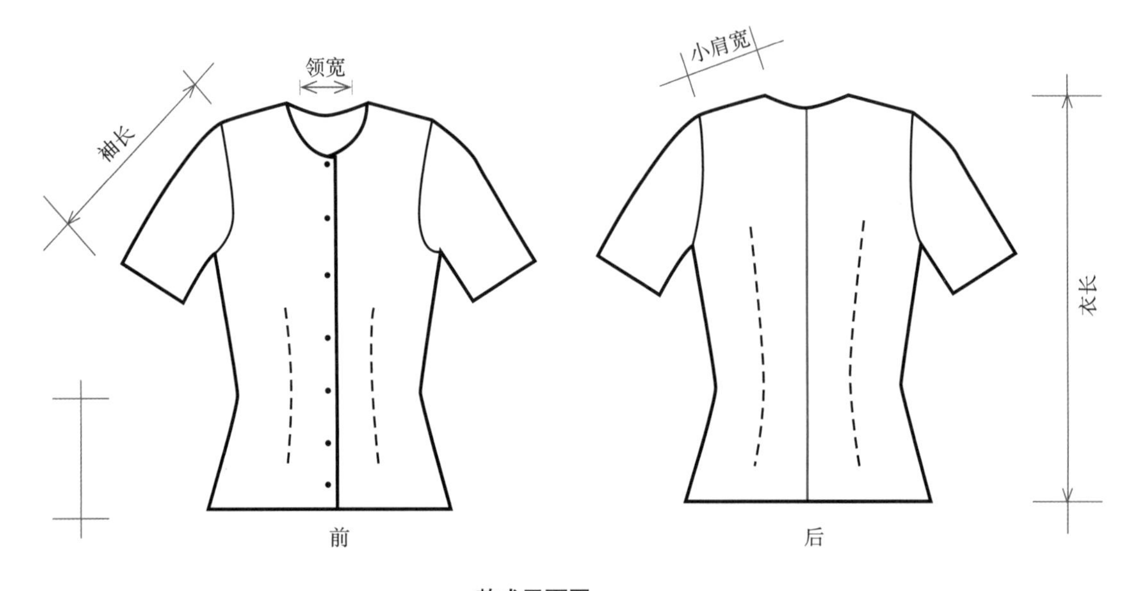

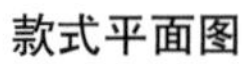

款式平面图

图 2-2

裁布计划

裁布计划是指根据款式，准备尺寸合适的、立裁时使用的坯布。

立裁用坯布要求非常平整，因为我们要在布上画出垂直和水平方向的结构线。如果准备充分，在随后的工作中会觉得很方便。而且，能合理使用布料，减少浪费。

由于一开始很难非常精确地估算出每片衣片所需的实际用布量，所以根据不同部位的形状，我们首先要估算出一个最接近的尺寸，然后加上必要的余量，剪出一块长方形的布来（图2–3、图2–4）。

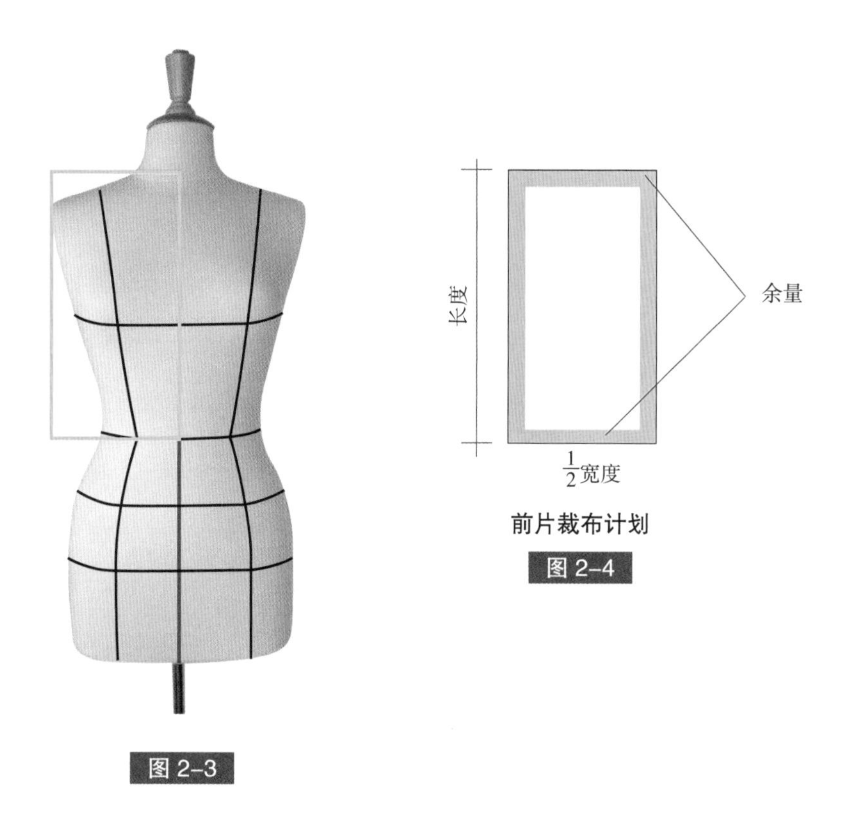

前片裁布计划

图 2–4

图 2–3

裁布时，要注意留出一定的余量，用于别大头针，同时也方便在操作时做一些小的调整。例如，省尖位置的变动、描点的改动或一些不可预知的情况。

前片立裁步骤

款式结构图

首先画好款式结构图（图2–5），然后，清楚地标明必要的尺寸线，如胸宽、衣长、省道位置等，这将有助于我们定出合理的裁布计划。

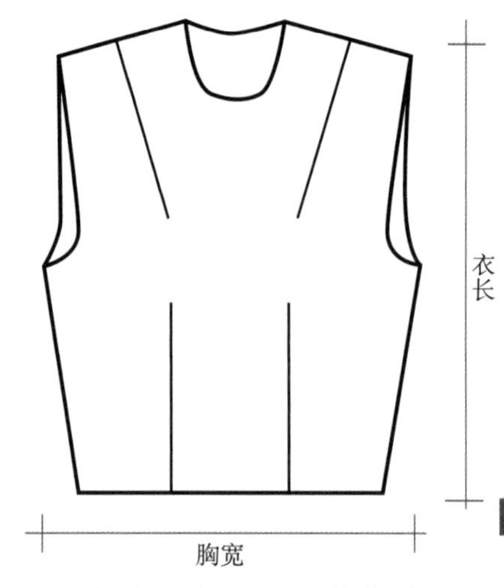

图 2–5

裁布计划

如图2–6（A）所示，根据结构图，先在坯布上画出前中线（红线）。

然后，确定半胸围的尺寸，定出所需坯布的宽度。

选择在人体模型的左半边或右半边进行工作并不重要，但一般来说，会选择右半边［图2–6（B），黄色长方形］。

图2–6（B），在框定的长方形四边，加上3~5cm的余量。

图2–6（C），将加了余量的长方形重新在布上画一遍，注意经纱和纬纱的方向。画出主要的结构线：腰围线、胸围线（黑线）和前中线（红线）。

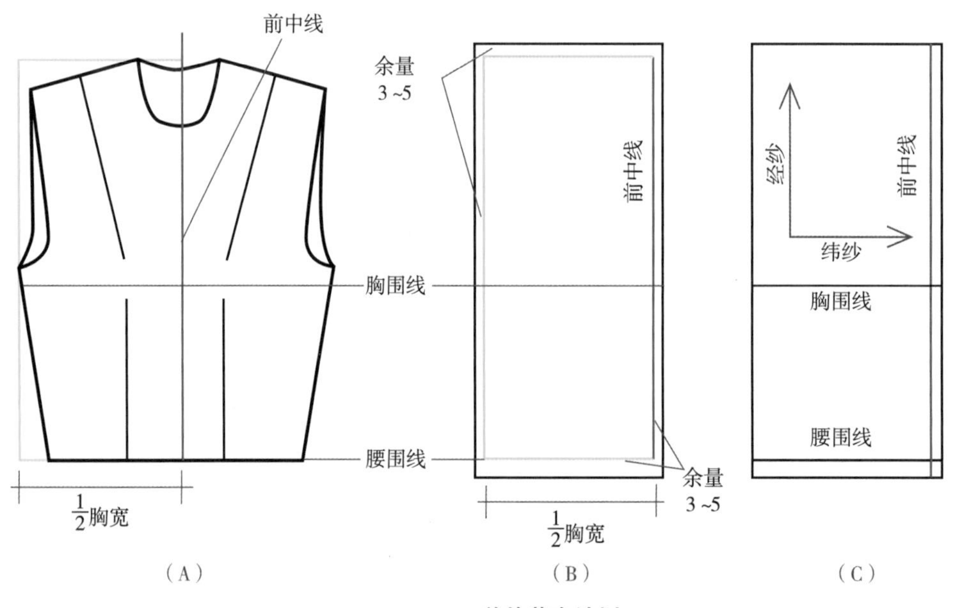

前片裁布计划

图 2–6

注意：

坯布上所画的水平结构线和垂直结构线，必须与人体模型上的标线位置完全吻合（图2-7）。

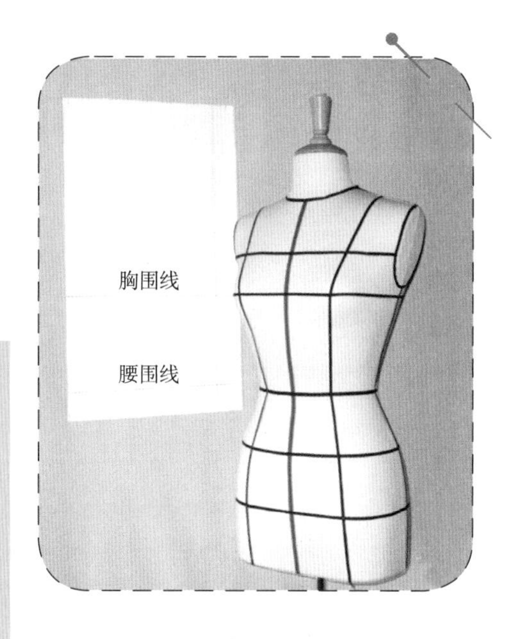

标线位置

图 2-7

将坯布定位在人体模型上

这一步骤（图2-8、图2-9）对于最后的成果好坏至关重要。

先将准备好的长方形坯布放在人体模型的右半边。注意，坯布上所画的前中线、胸围线和腰围线要与人体模型的标线吻合。

①将第一根大头针固定在在腰围线和前中线的交点位置。

②第二根大头针固定在胸围线和前中线的交点位置。

③第三根大头针固定在领口前中点的位置。但它的作用仅仅是暂时固定布片，在立裁过程中会被拿掉。

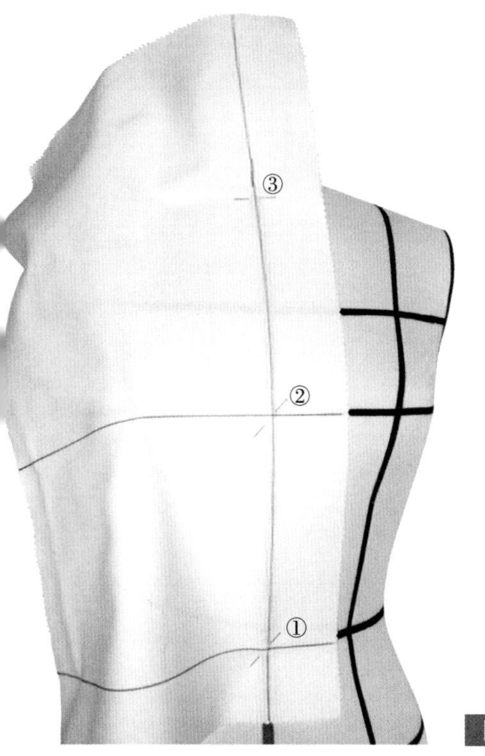

图 2-8

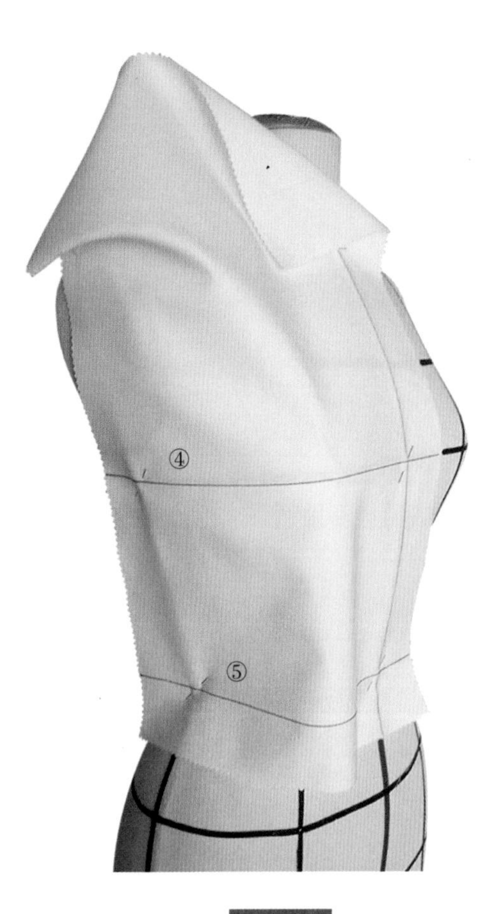

④ 第四根大头针固定在胸围线和侧缝的交点位置（袖窿线下），要注意胸围线必须与人体模型标线完全吻合。

⑤ 第五根大头针固定在腰围线和侧缝的交点上，注意要留出腰省量。

图 2-9

腰省

沿着腰围线，从前中线开始，向腰省的方向抚平布片，然后用大头针在省道标线的位置固定布片。

用同样的方法，沿着腰围线，从侧缝线向省道位置抚平布片，这样，腰省量自然形成了。

腰省一般倒向前中线（图2-10，红线），缝份放在衣服内侧。腰省的位置要与人体模型上的标线吻合。

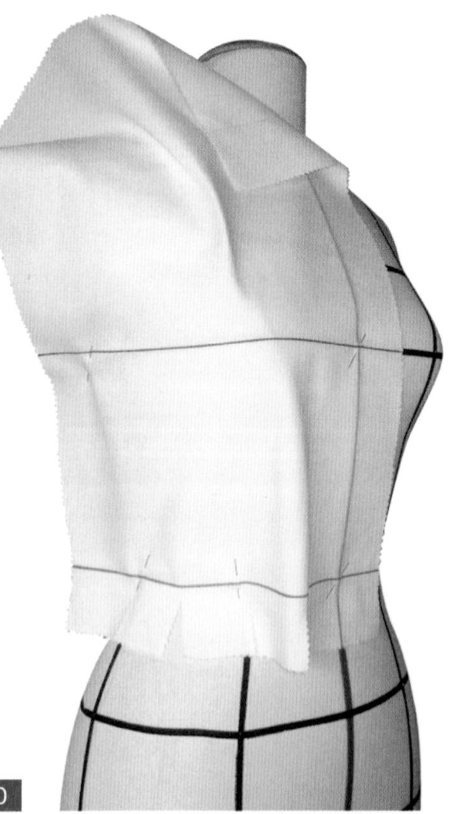

图 2-10

在胸围线以下，垂直捏出腰省的形状，并用2~3根大头针将省别出（图2-11）。注意，正面看上去要平整。

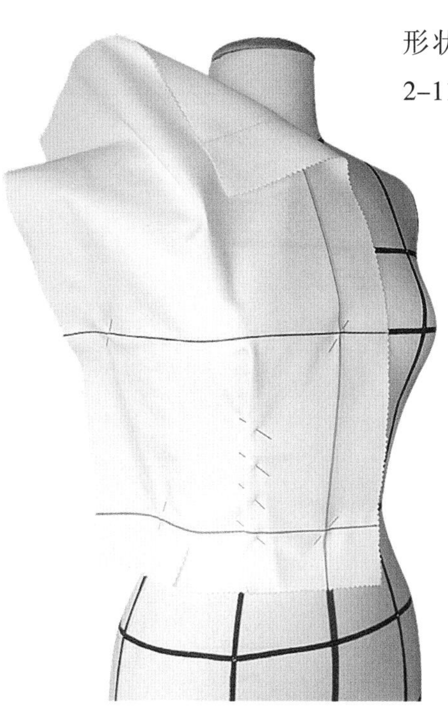
图 2-11

注意：

别大头针时，不可只别在人体模型的表面包布上。

省道的位置，要与人体模型上的省道分割线位置吻合。

领口

将领口（图2-12）前中点上用以固定布片的大头针拿去。将布片向下轻拉，使前中线在胸围线处约有1cm松量，然后用一根大头针固定新的领口前中点和前中线。

从新的领口线往胸围线方向抚平衣片，然后在前胸宽线的位置用一根大头针固定。

从前中线将余量推向肩线，捏出肩省。

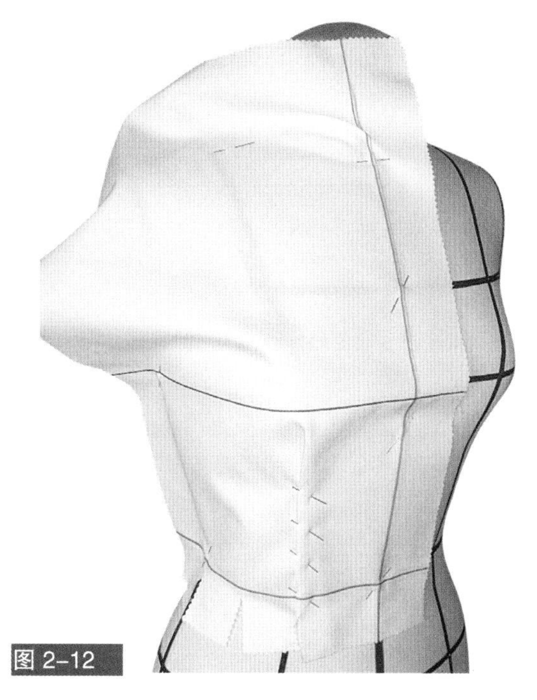
图 2-12

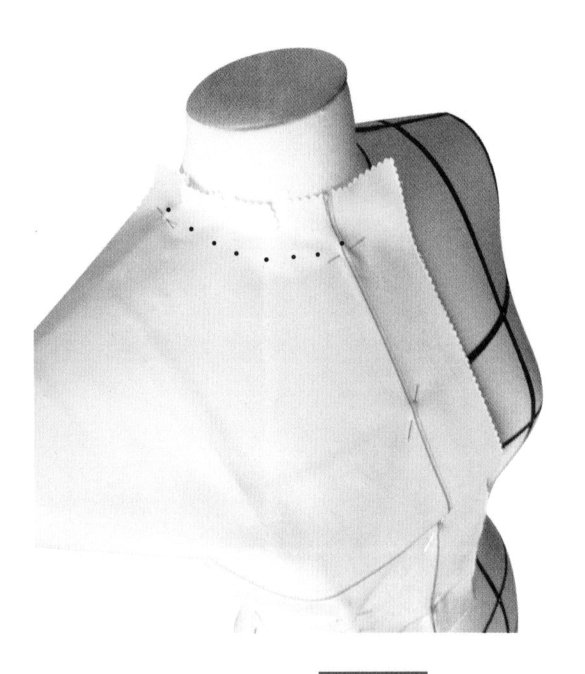

图 2-13

为了调整领口弧线，首先粗剪出领口弧形。要留有足够的余量，约至人体模型颈部一半的高度。

向下剪出足够深的剪口，使布片很好地贴合领口和肩部。

然后，在肩线和领口线交点的位置，用大头针固定。

最后根据人体模型标线，在衣片上用小点描出领口弧线（图2–13）。

肩省

已经沿着侧缝，在胸围线和腰围线的位置用大头针固定了坯布。

现在要做些调整。将坯布轻轻向上提并抚平，使侧缝没有鼓包或褶皱。然后，在前胸宽线和袖窿的交点位置，用大头针固定。

从袖窿向前中线方向轻推布片，松量被推至肩部标线位置时，自然地得到了肩省（图2–14）。

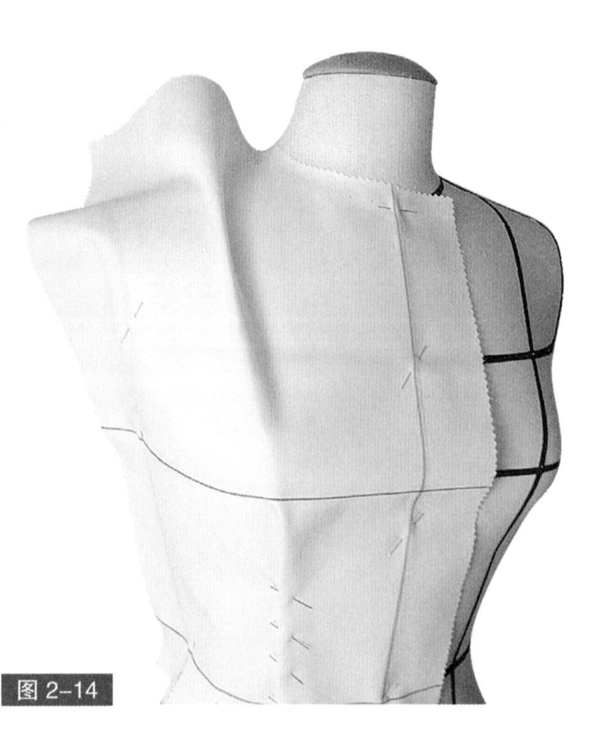

图 2-14

沿着标线，用大头针将肩省别出，针的间距约为3cm，针尖朝向前中线（图2-15）。

最后，在肩线和领口的交汇点处固定一根大头针。

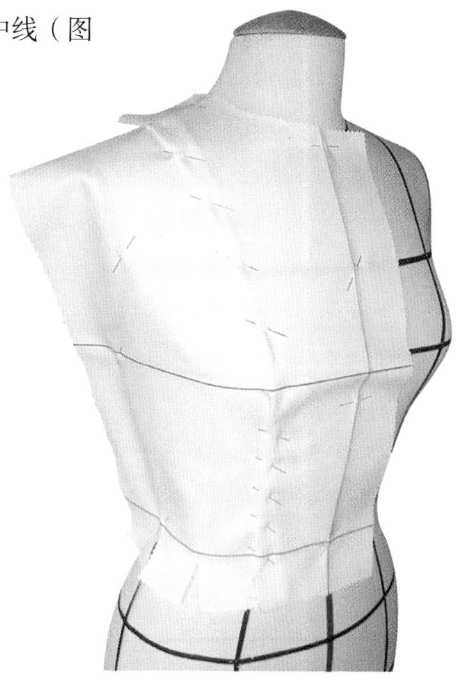

图 2–15

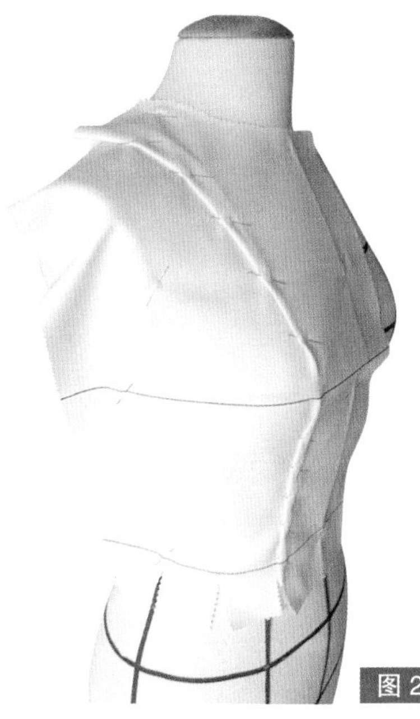

图 2–16

袖窿

在画袖窿弧线前，先要确保肩省的位置与人体模型上标线吻合（图2-16）。

其次，检查衣片前胸位置是否平服，有没有鼓包或褶皱。

这些工作要求非常细致。因为当我们画完袖窿，并且剪开，就不可能再修正了。所以，一旦有了问题，必须重新裁布，重新制作。

描点

正面（图2-17）

沿着省道折线，用等距小点在坯布上画出肩省和腰省的位置，省尖位置距离胸高点约2cm（参见《法国时装纸样设计 平面制板基础编》一书）。

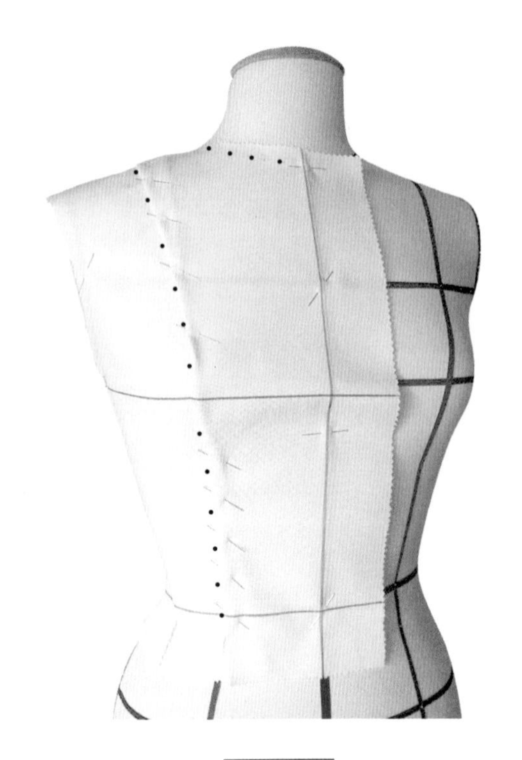

图 2-17

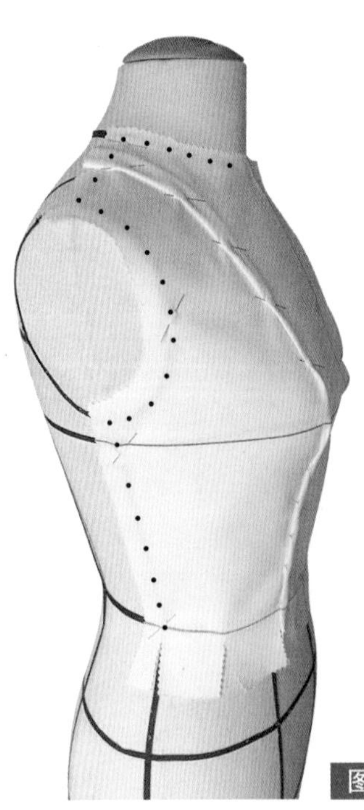

图 2-18

侧缝（图2-18）

从腰围线开始，用间距2～3cm的小点，沿着标线画出侧缝线、袖窿弧线、肩线和领口线。

最后在衣片四边预留出2cm左右缝份后剪去余量。在制板时，可以根据实际需要定出缝份宽度（1cm或2cm）。

前片样板

在人体模型上整理衣片。

如果加了腰省，腰围线的位置就会改变。因此，需要按照人体模型标线的位置，重画新的腰围线。

拿去所有的大头针，将衣片放平在桌面上（图2-19）。如有需要，可低温烫平。

用直尺和曲线板，根据衣片上的描点，画出省道、侧缝线、肩线、腰围线、袖窿弧线、领口线（图2-20）。

在得到的净样板基础上，加上1cm的缝份，然后沿外轮廓线剪下。

建议大家用透明拷贝纸，将布样板复制到样板纸上。事实上，纸样板更加容易保存，并且样板没有变形的风险。

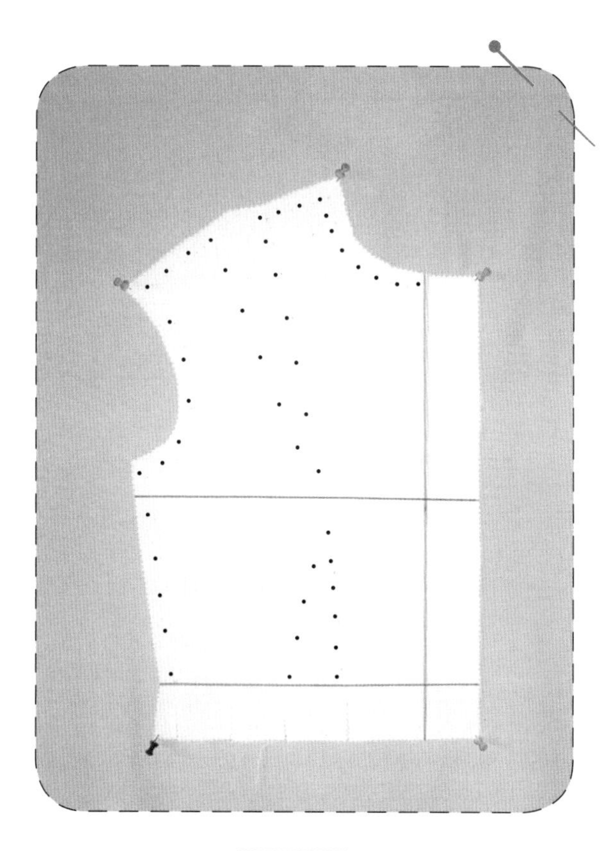

图 2-19

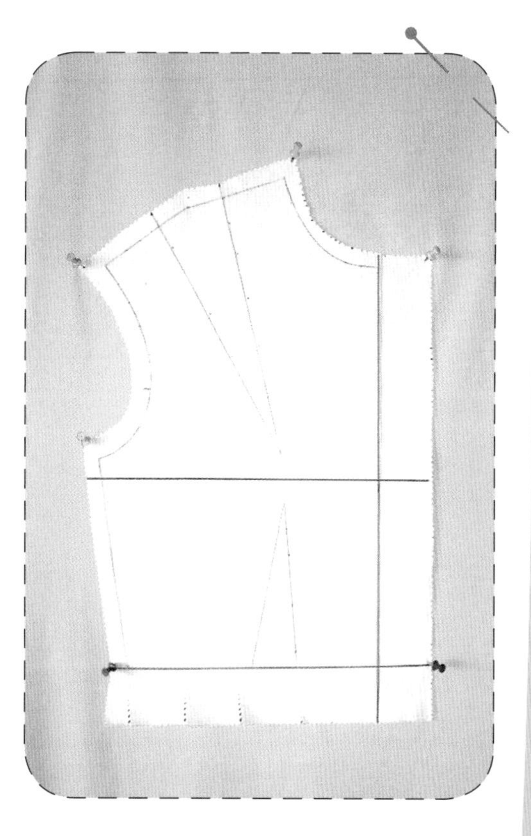

图 2-20

后片立裁步骤

款式结构图

与前片相同，后片的结构图（图2-21）上也必须详细地写明长宽尺寸。

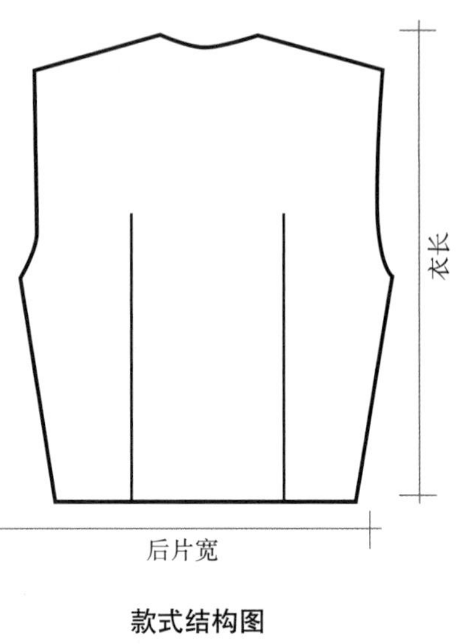

款式结构图

图 2-21

裁布计划

图2-22（A），为了与前片拼合，如果我们做的是右前片，那后片也必须做右边。

与前片同理，我们先做后片的右半边样板，然后用复制的方法得到左半边样板，这样会更加精确。

根据结构图标明的长宽尺寸，准备一块长方形坯布［图2-22（A），黄色长方形］。

图2-22（B），在框定的长方形四边，加上3~5cm的余量。

图2-22（C），重画一遍加了余量的长方形，然后剪下。注意布的经纬纱方向。

为了下一步的工作，我们要在坯布上画出主要的结构线：腰围线、胸围线（黑线）和后中线（红线）。

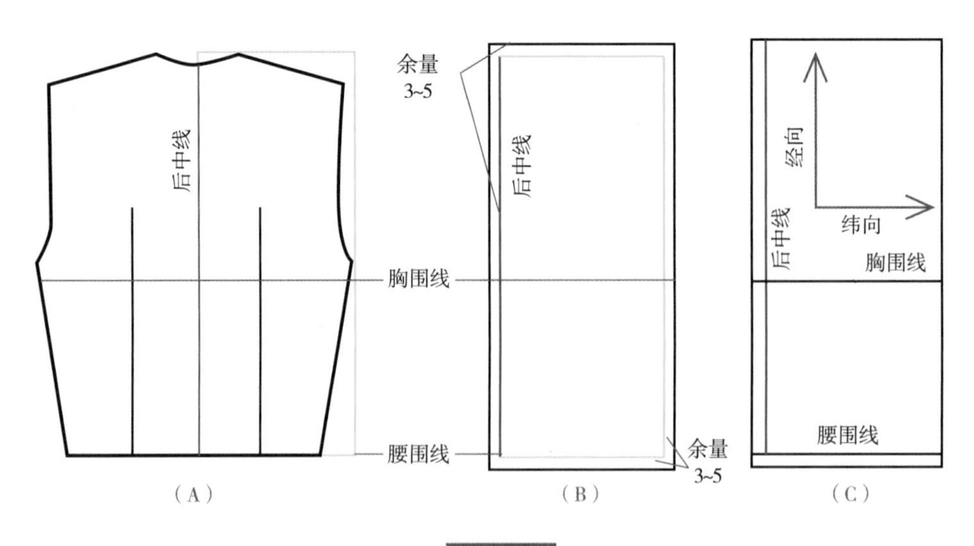

图 2-22

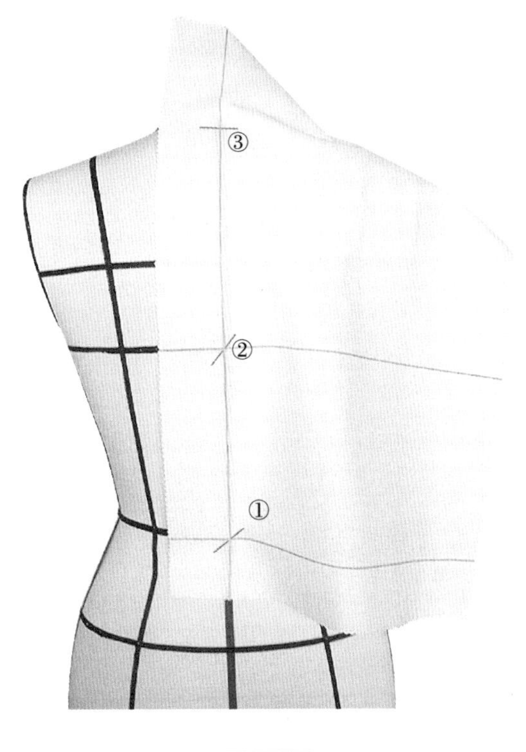

图 2-23

将坯布定位在人体模型上

要得到正确的样板和成衣，这一步骤至关重要。先将准备好的坯布放在人体模型的右半边。坯布上所画的后中线、胸围线和腰围线要与人体模型上的标线吻合（图2-23）

沿着后背中线，用大头针固定腰点，然后固定胸围线，最后是领口线，如图2-23① ② ③所示。

注意：

坯布上所画的垂直线和水平线，要严格地与人体模型上标线吻合。

从领口处开始，往袖窿方向抚平布片，确保没有鼓包或褶皱。

沿着侧缝，从袖窿开始，向下抚平布片。在胸围线处用一根大头针固定，如图2-24④所示，然后在腰线处固定，如图2-24⑤所示。

我们要注意，布上所画结构线必须与人体模型上的标线吻合。

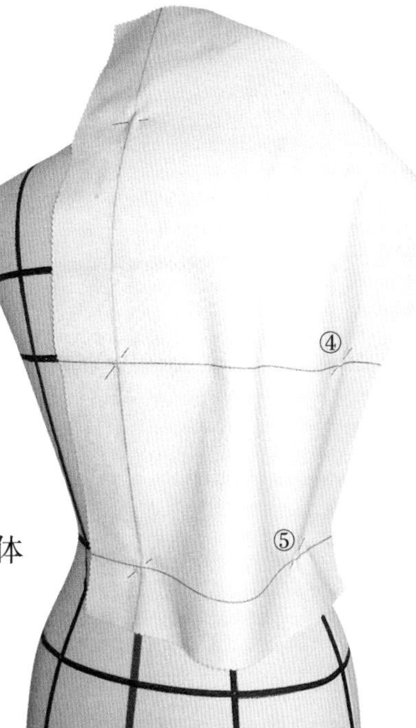

图 2-24

腰省

后片的腰省与前片的制作方法相同（图2-25）。

从后背中线开始，沿着腰围线向侧缝方向抚平布片，在省道标线的位置用一根大头针固定。

然后，用同样的手势，将布片由侧缝向省道位置推。

这样，就得到了后腰省的省量。

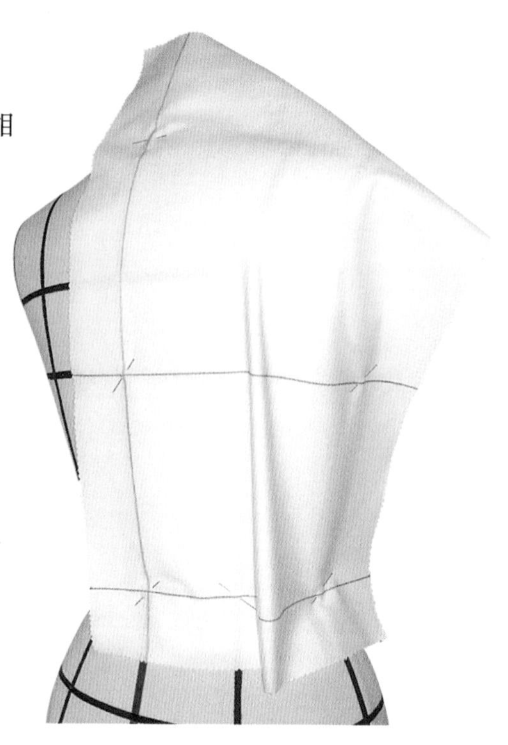

图 2-25

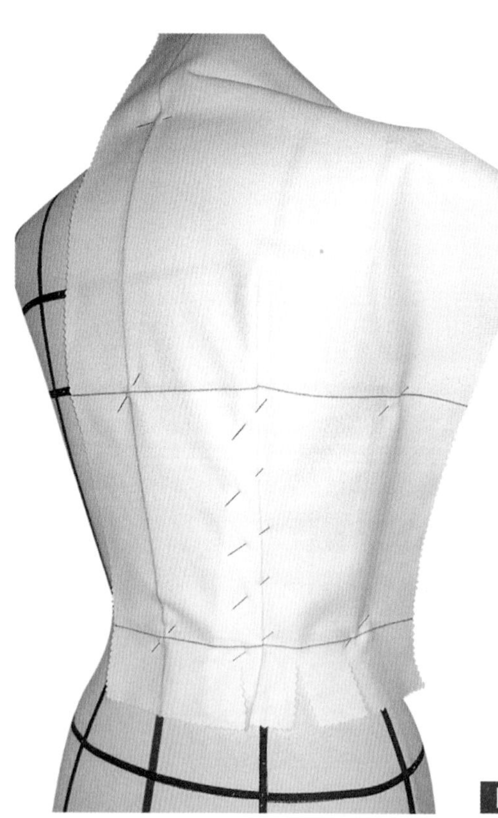

图 2-26

参照标线，用大头针别出完整的后腰省（图2-26）。腰省通常倒向后背中线（图2-25，红线），缝份在衣服的内侧。

腰省的长度取决于款式要求。省尖位置一般在袖窿线和背宽线之间，很少低于袖窿线或者高于背宽线。

后领口和后袖窿

用与前片相同的方法，先将布放在人体模型上，抚平以获得正确的后领口位置，在后领口中点用一根大头针固定布片。

然后将布往前片的肩线方向提拉。在肩省的位置用另一根大头针固定。如果这两根大头针的位置正确，袖窿位置就能正确定出（图2–27）。

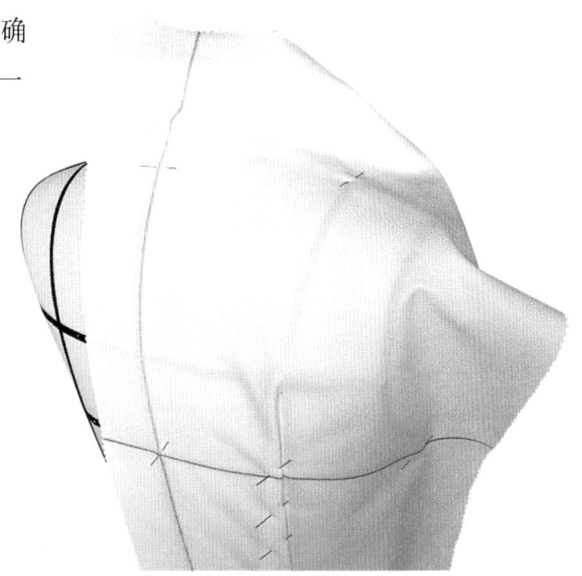

图 2–27

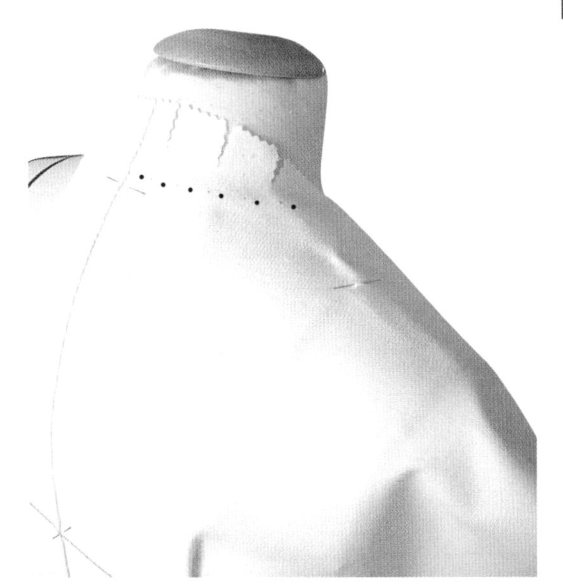

图 2–28

为了调整领口弧线，首先粗剪领口弧形。要留有足够的余量，约至人体模型颈部一半的高度。

向下剪出足够深的剪口，使布片很好地贴合人体模型颈部和肩部。

然后根据人体模型上的标线，在布片上用点描出后领口线（图2–28）。

描点

描出肩线、袖窿弧线、侧缝线和后腰省（图2–29）。

在衣片的四边加上2~3cm的余量，一般缝份至少需要1cm。

图 2–29

后片样板

将衣片从人体模型上取下，拿掉所有的大头针。如有必要，低温烫平。

用直尺和曲线板，按照衣片上的描点，画出样板。

在净样板基础上，加上1cm的缝份，然后沿轮廓线剪下（图2–30）。

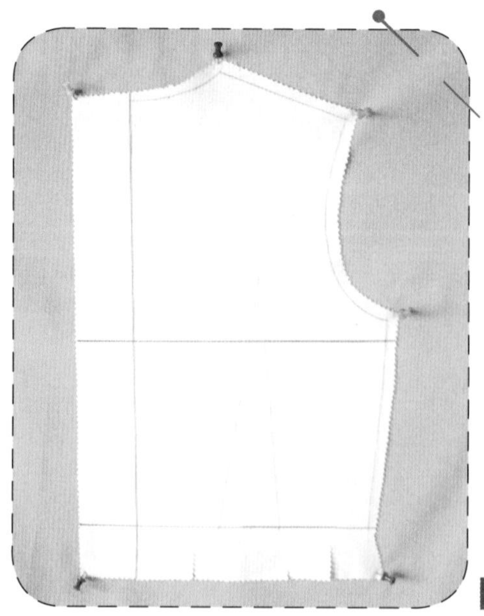

图 2–30

前后衣片的拼合

我们要在人体模型上将前、后衣片拼合在一起（图2–31~图2–33）。首先对齐水平的结构线：胸围线和腰围线。然后，检查袖窿和领口弧线是否圆顺连接。

用大头针将前后衣片的侧缝线和肩线拼合起来，缝份倒向背部。

要确保拼合后，衣片上所有垂直和水平结构线与人体模型上标线相吻合。

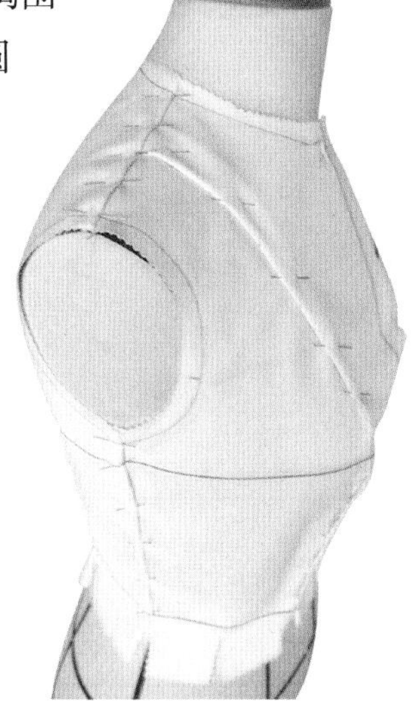

图 2–31

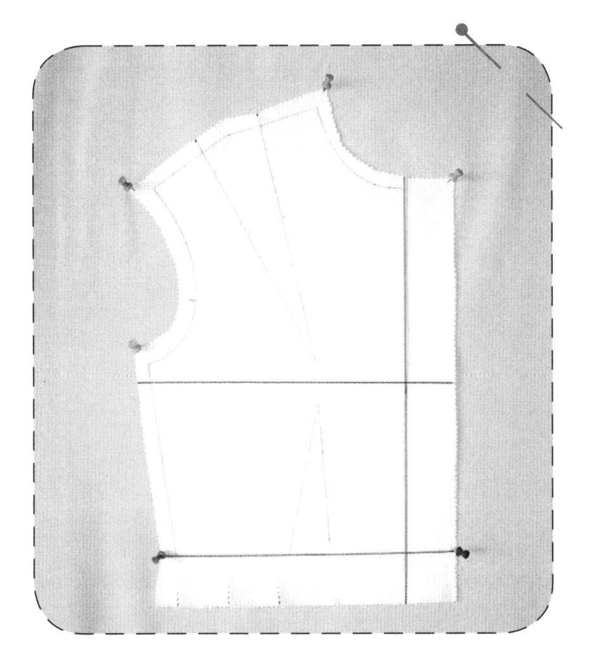

前衣片样板

图 2–32

后衣片样板

图 2–33

完整的样板

完整的服装样板，是指所有的部分都已完成，并且剪好。

图2-34所示款式，收腰、有肩省、领口紧贴颈部。后中设分缝，可加入拉链或者纽扣。它的详细制作步骤在前面已经做了介绍。

领口、袖窿和底边都需要做一些处理。

通常我们会采用卷边的方式来处理，这样可以避免散边。但是对于领口和袖窿等有弧线的部位，我们不能采用卷边方式，而是会用内贴边的方法（参见《法国时装纸样设计　平面制板基础编》一书）。

完整的前片样板，包括对称的左右衣片、领口内贴边、袖窿贴边以及底边折边（图2-35）。

贴边的形状先要画在样板上（图2-35，黄线），然后用透明拷贝纸描出。

根据不同的位置和坯布的厚薄，贴边的宽度并不绝对，但必须足够宽，不至于穿着时翻到衣服正面。例如，在肩部，贴边的一般宽度为5cm。

衣服的底边采用3~5cm的折边，但也可以用贴边的方式。如果画贴边，要将腰省也计算在内。

后片的贴边，可用同样的方法获得。要注意，前后衣片贴边的宽度需保持一致。

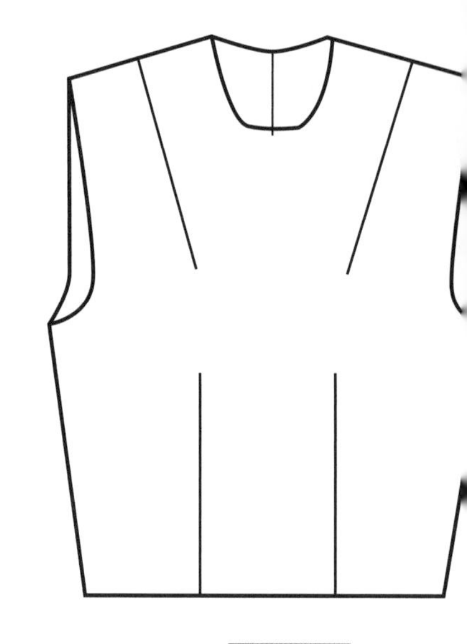

图 2-34

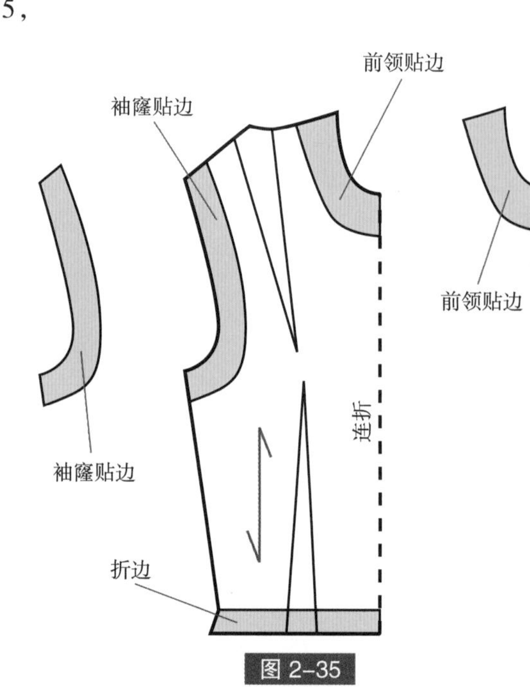

图 2-35

纸样板

将立裁获得的衣片样板复制在样板纸上，有两种方法：

— 将透明的拷贝纸覆在布样板上，用铅笔描出。

— 或者将衣片样板直接放在样板纸上，用滚轮沿着轮廓线用力推动，这样滚轮的尖齿在滚动过程中，会穿透衣片布，在样板纸上留下细孔状的压痕。然后用直尺和曲线板根据压痕，画出正确的样板。

纸样板上要注明所有的细节，如褶裥、前中线等。同时，也不要忘记标上对位刀口，以方便缝合（图2–36），我们要在胸宽线、胸围线位置打上对位刀口（即使没有袖子，在缝合袖贴边时也需要）。最后，注明这个样板带有1cm的缝份或是没有缝份。

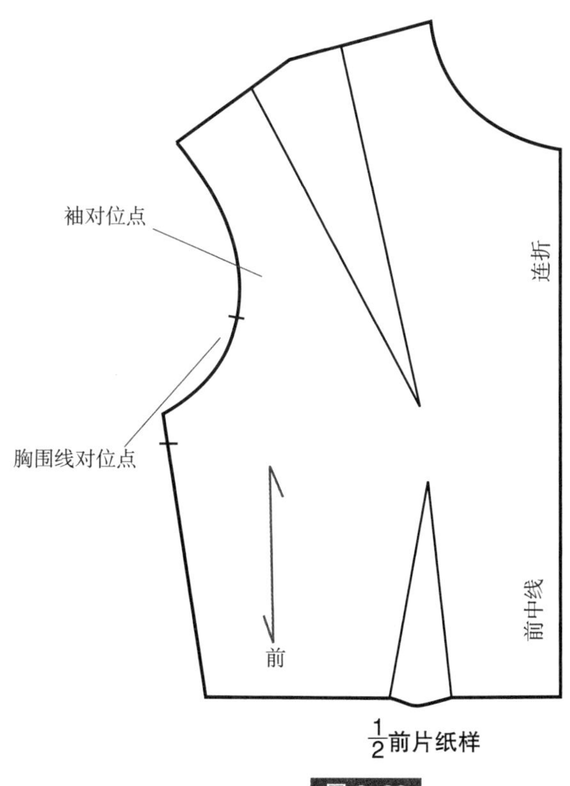

图 2–36

三、前片省道

在开始立裁前，要预先画出主要结构线和省道的位置。

如果在侧缝线上加一个省道，那么一些结构线就会变动，如腰围线，因此，需要重新画腰围线和侧缝线。

对于结构线的修正我们要非常当心，因为这对最后的成衣效果至关重要。

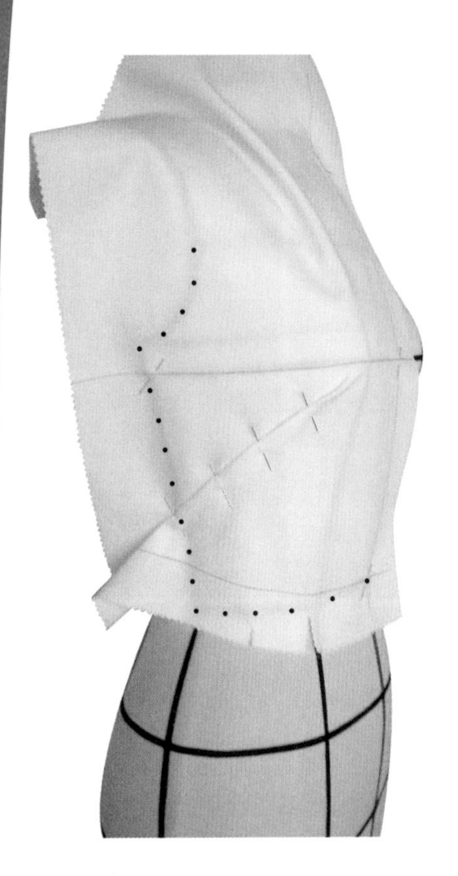

图3-1

省道

当我们在衣服上加了一个省之后，就会改变某些结构线的位置，如腰围线、侧缝线、肩线，都需要我们重新调整。

加了省道后，根据人体模型上的标线，重画结构线。然后，将省展开，可能会看到结构线不再是一条直线，而会出现一个转角，我们称为省道。在裁剪时，我们要沿着折线剪。省道的形状取决于收省量的大小以及省的角度。

以侧缝省为例：加了省道之后，按照人体模型上标线的位置，在衣片上重新画腰围线和侧缝线（图3–1）。

将衣片从人体模型上取下，放在工作台上，确保胸省部位能放平。

按照描点画出新的腰围线以及包含了省道的侧缝线（图3–2）。

图 3–2

取下大头针，如有必要，低温烫平衣片。

最后，除了前中线和后中线，在样板四边加上1cm的缝份。同时正确画出省道的形状，这样一个完整的样板就完成了（图3-3）。

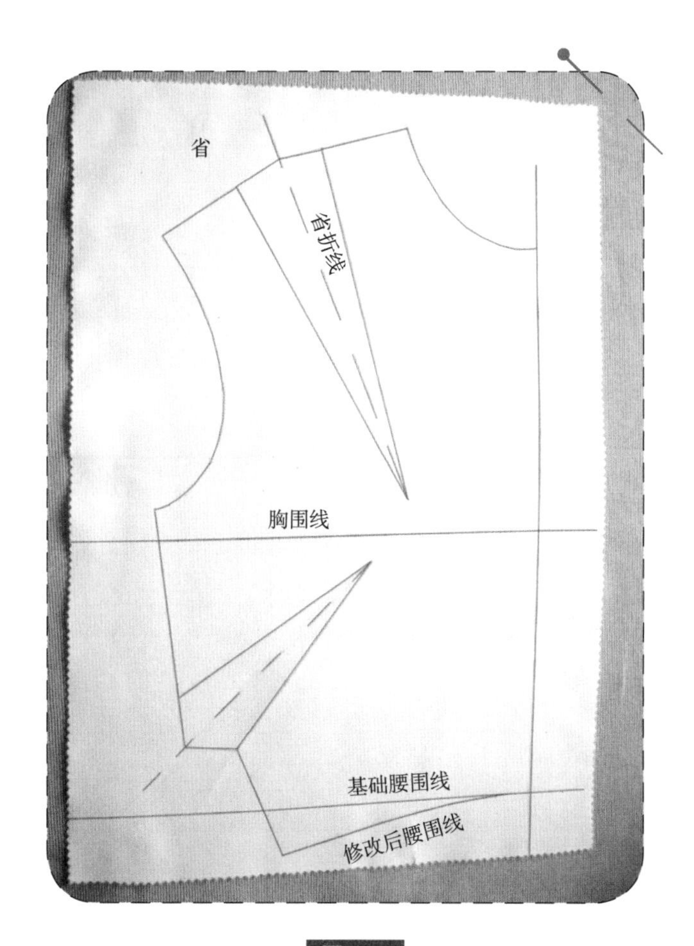

图 3-3

注意：

如果要调整修正后的结构线，省道也必须考虑在内。

前片省道分配

根据款式需要，可以在前片的任意位置开省（图3-4、图3-5）。

胸围线将前片分为上下两部分，每部分都有一个基本省，以使前胸部位隆起，符合人体构造。

收肩省，可以使衣片的上半部分贴合人体；收腰省，为了使衣片胸围线下的部分贴合人体。

胸围线以上，除了肩省之外，还有领省、袖窿省、胸间省。而腰省和侧缝省都属于胸围线以下的省道。

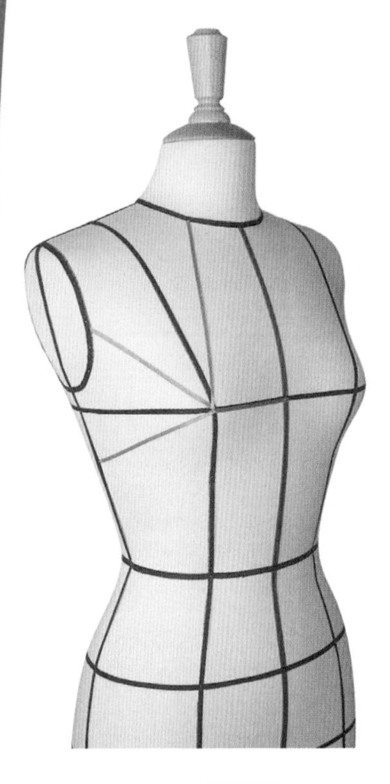

图 3-4

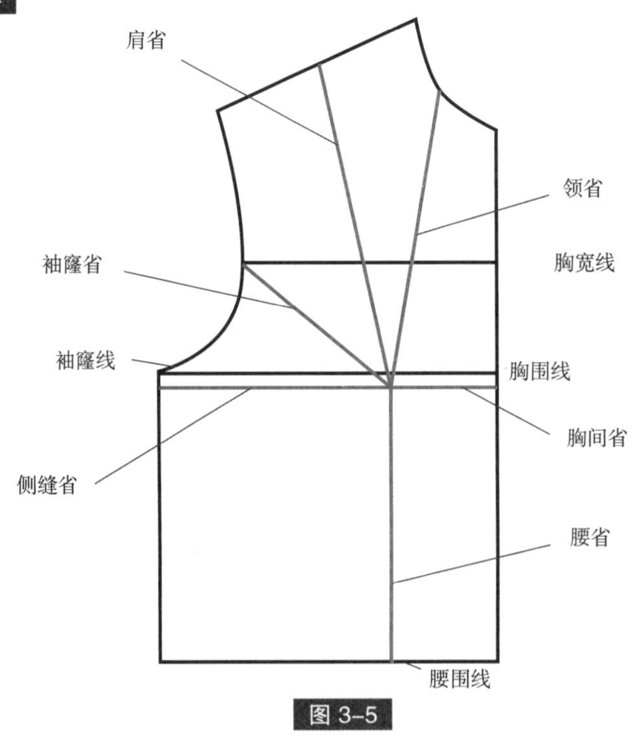

图 3-5

肩省

这个省称为基本省，与腰省连在一起，构成通天省。肩省可以调节上衣的胸量大小。

领省

这个省可以藏在翻领底下或者用收褶的方式分散省量。一般领省开在领口中线的位置。

胸间省

这个省有时候也被称为乳间省，位于两个胸高点之间。要做胸间省的话，在胸线处必须有分割线，或者前领深开到省位的地方。因为这个开在胸间的省道，势必会改变前中线的垂直度。

腰省

在收腰时，这个省道会自然形成。从人体模型上，可以看到这个省从胸高点处开始，在肩省的延长线上，是前片的基本省。如果收的腰省量过大，则需要考虑将省量分散到其他的省道。

侧缝省

这个省可开在侧缝线上的任意位置。通常是在袖窿下4cm到衣下摆之间，它的作用是为了让胸部隆起，可以替代肩省。

袖窿省

为了技术和美学，这个省一般位于胸宽线以上。另外，如果将这个省道与腰省连接在一起，能得到一个很漂亮的分割线，称为公主线。

袖窿省

款式结构图

在款式结构图（图3–6）上，要清楚地标明：

— 前片的衣长和胸宽。

— 省道的位置。

前片款式结构图

图 3–6

前片裁布计划

图3–7（A），画出前中线（红线），然后根据衣长和半胸宽，画出立裁用布（蓝色长方形）。

图3–7（B），在框定的长方形四边加上3~5cm的余量。

图3–7（C），在坯布上重新画出加了余量的长方形。然后画出腰围线（黑线）、胸围线（黑线）、前中线（红线）。

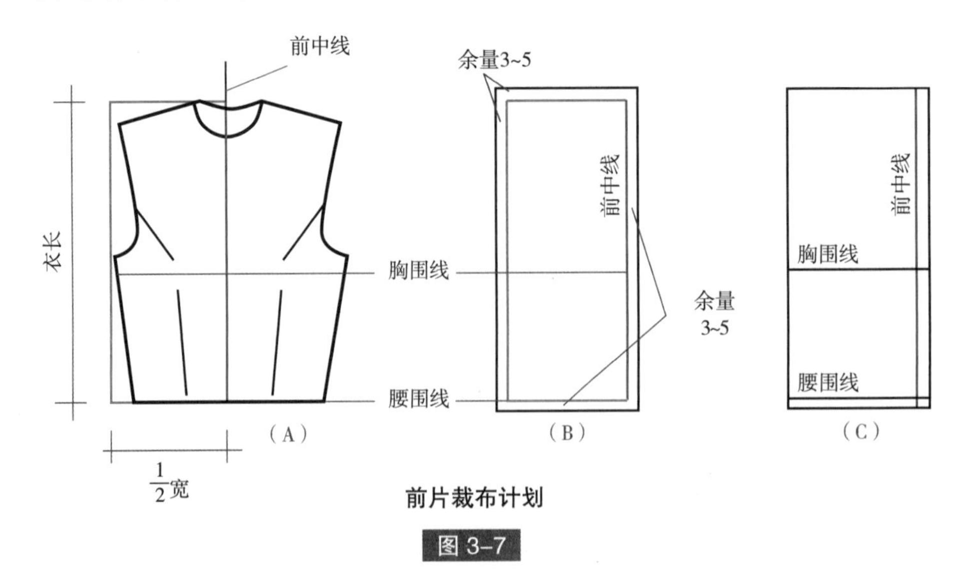

前片裁布计划

图 3–7

立裁步骤

将布片放在人体模型上（图3-8），按照第32~39页介绍的方法，完成胸围线以上部分。

然后，将布片从前中线往袖窿方向抚平，用大头针将布固定在肩点上，这样袖窿省的省量就自然而然的出来了。

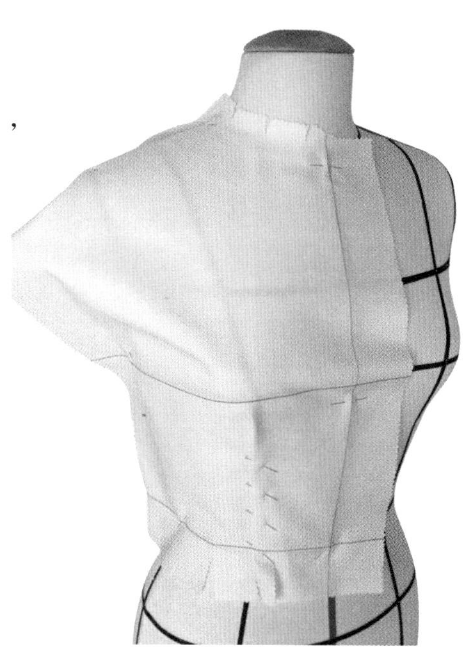

图 3-8

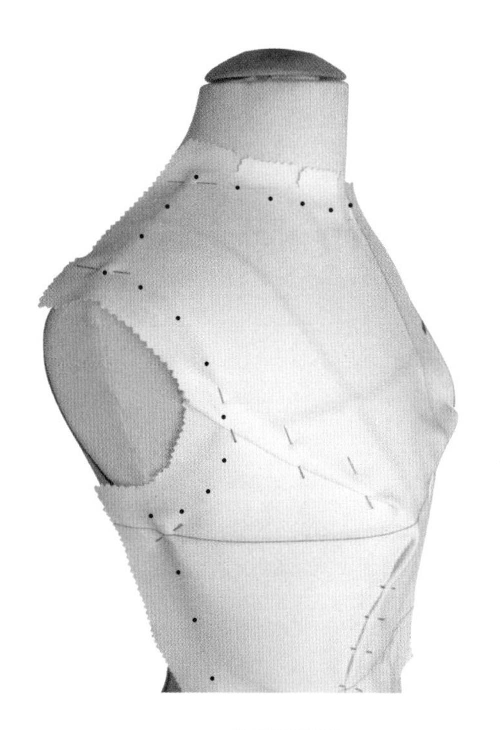

图 3-9

从肩线向胸围线的方向抚平布片。然后，重复同样的手势将袖窿底的松量往上推，直到胸围线的位置，用大头针固定，这样就做出了袖窿省。袖窿省的缝份要倒向肩部。

根据人体模型上标线的位置，用点描出侧缝线、袖窿线和肩线（图3-9）。

衣片样板

从人体模型上将衣片取下，拿掉所有的大头针。如有必要，低温熨烫。

用直尺和曲线板，沿着所描的点，在布片上画出完整的样板。

在净样板的基础上，四边加上适当的缝份余量，然后剪下（图3–10)。

建议大家用透明拷贝纸，将衣片样板复制到样板纸上。事实上，纸样板更加容易保存，而且没有样板变形的风险。

图 3–10

位于胸围线上的侧缝省

款式结构图

在款式结构图（图3–11）上，要清楚地注明：

— 前片的衣长和胸宽。

— 省道的位置。

前片款式结构图

图 3–11

前片裁布计划

图3–12（A），标明前中线（红线），然后根据衣长和半胸宽在布片上画出长方形（蓝色）。

图3–12（B），在框定的长方形四边加上3~5cm的余量。

图3–12（C），在布片上重新画出加了余量的长方形。然后画出腰围线（黑线）、胸围线（黑线）、前中线（红线）。

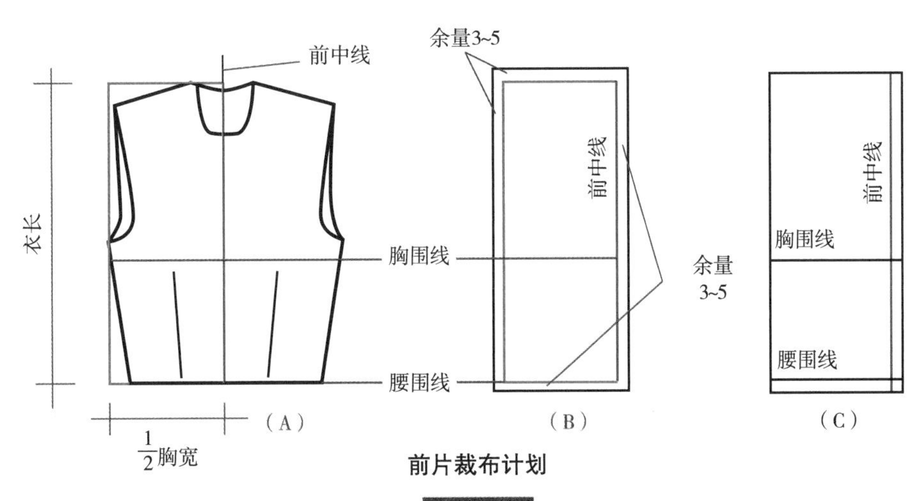

前片裁布计划

图 3–12

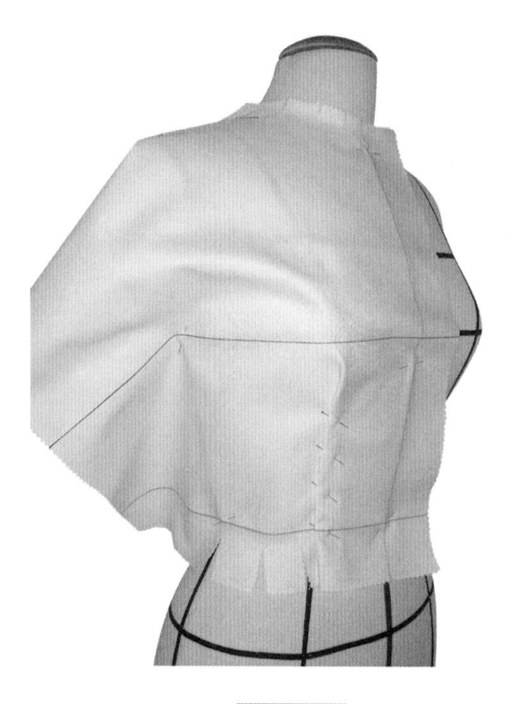

图 3–13

立裁步骤

将布片放在人体模型上（图3–13），然后根据第32~39页所介绍的方法完成胸围线以上部分。

将布片从前中线往袖窿方向抚平，然后用大头针将布固定在肩端点处，这样袖窿省的省量就自然而然地出来了。

取掉刚才固定在袖窿下方、胸围线上的那根大头针。然后，从肩线往下抚平布片，确保没有鼓包或褶皱。

按照人体模型上胸围标线位置，重新用大头针固定布片。

由于增加了胸省的量，原来的胸围线位置发生了改变。

所以，要以人体模型上标线为对照，重新用点在布片上描出胸围线（图3–14）。

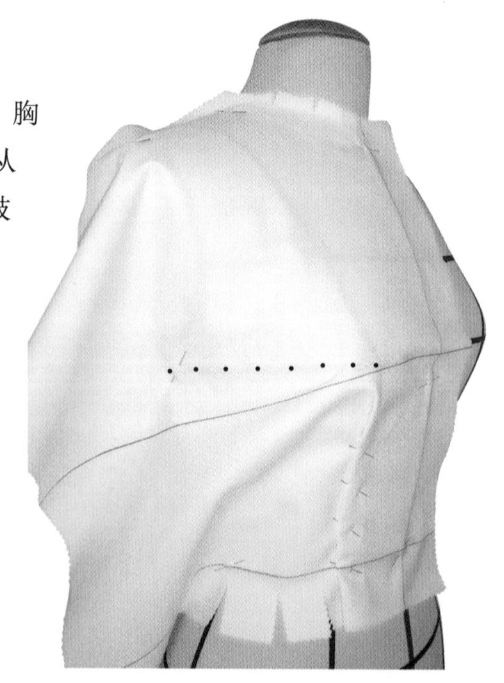

图 3–14

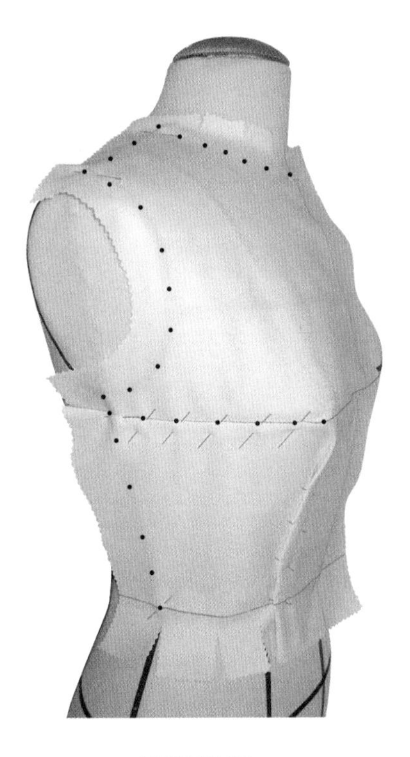

图 3-15

将旧的胸围线向上折叠，至新胸围线处，使两条线重合，并且折叠部分开口朝上。用大头针别出侧缝省的形状，针间距约为3cm。然后按照人体模型上标线的位置，用小点描出侧缝、袖窿弧线、肩线和领口弧线（图3-15）。

注意，侧缝省的省尖位置距离胸高点约2cm。

衣片样板

从人体模型上将衣片取下，并拿掉所有的大头针。如有必要，低温熨烫。

用直尺和曲线板，沿着所描的点，在布片上画出完整的样板。

在净样板的基础上，四边加上适当的缝份余量，然后剪下（图3-16）。

建议大家用透明拷贝纸，将衣片样板复制到样板纸上。事实上，纸样板更加容易保存，而且没有样板变形的风险。

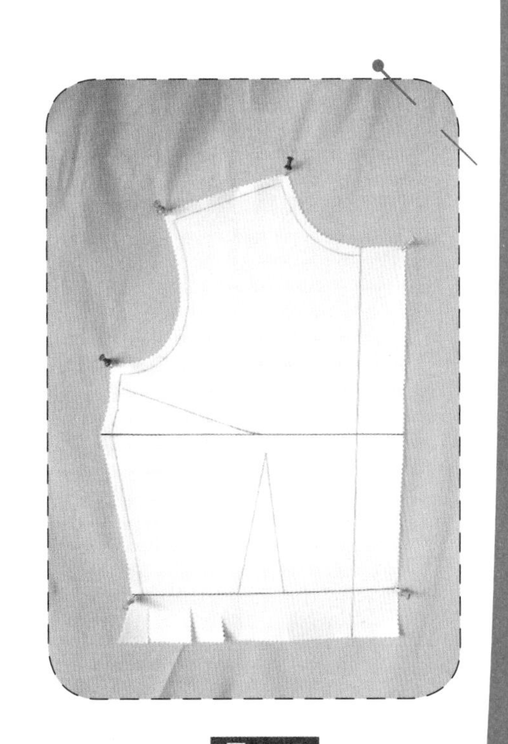

图 3-16

位于胸围线下的侧缝省

款式结构图

在款式结构图（图3–17）上，要清楚地注明：

— 前片的衣长和胸宽。

— 省道的位置。

前片款式结构图

图 3–17

前片裁布计划

图3–18（A），标明前中线（红线），然后按照衣长和半胸宽尺寸，在布片上画出长方形（蓝线）。

图3–18（B），在框定的长方形四边加上3~5cm的余量。

图3–18（C），在布片上重新画出加了余量的长方形。然后画出腰围线（黑线）、胸围线（黑线）、前中线（红线）。

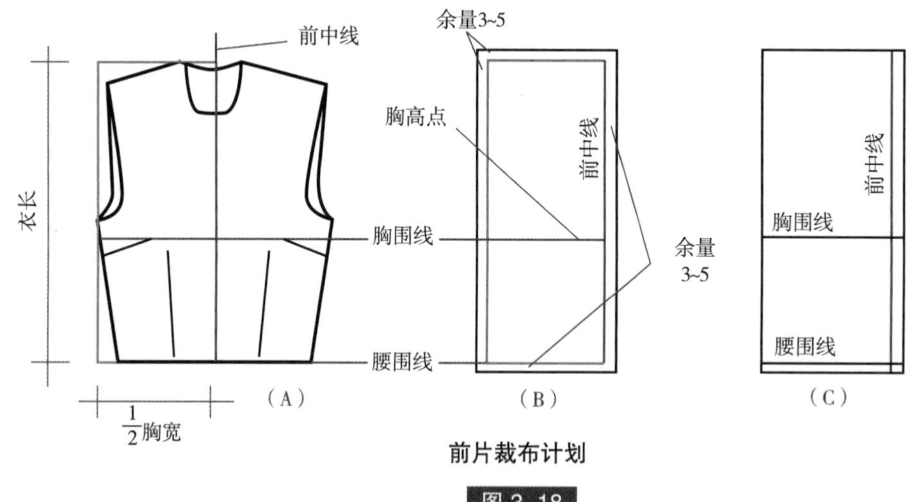

前片裁布计划

图 3–18

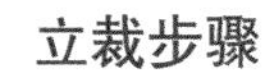

立裁步骤

将布片放在人体模型上（图3-19），然后根据32~39页所介绍的方法完成胸围线以上部分。

将布片从前中线往袖窿方向抚平，然后用大头针将布片固定在肩端点处。

取掉刚才固定在袖窿下方，胸围线上的那根大头针。然后，从肩线向下抚平布片，确保没有鼓包或褶皱。

按照人体模型上胸围标线的位置，重新用大头针固定布片。

由于增加了胸省的量，原来的胸围线位置发生了改变。所以，要以人体模型上的标线为参照，重新在布片上描出新的胸围线（图3-19）。

图 3-19

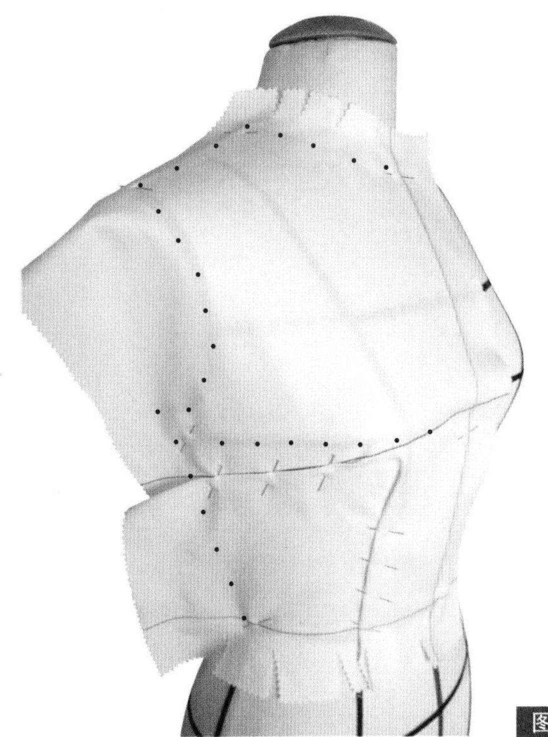

图 3-20

在胸围线和腰围线之间的任意位置，做出款式要求的侧缝省。

用大头针别出省的形状，针间距约为3cm。然后根据人体模型上标线位置，在布片上用点描出侧缝、袖窿弧线、肩线和领口弧线（图3-20）。

注意，侧缝省的省尖位置距离胸高点约2cm。

衣片样板

从人体模型上将衣片取下，拿掉所有的大头针。如有必要，低温熨烫。

用直尺和曲线板，沿着所描的点，在布片上画出完整的样板。

在净样板的基础上，四边加上适当的缝份余量，然后剪下（图3-21）。

建议大家用透明拷贝纸，将衣片样板复制到样板纸上。事实上，纸样板更加容易保存，而且没有样板变形的风险。

图 3-21

领省

款式结构图

在款式结构图（图3–22）上，要清楚地注明：

— 前片的衣长和胸宽。

— 省道的位置。

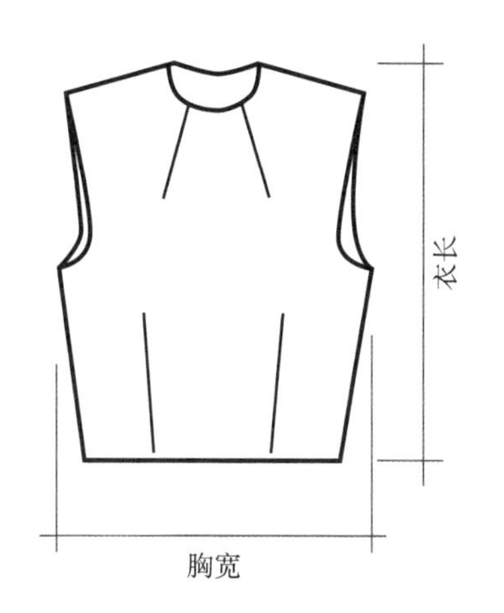

前片款式结构图

图 3–22

前片裁布计划

图3–23（A），标明前中线（红线），然后按照衣长和半胸宽尺寸，在坯布上画出长方形（蓝框）。

图3–23（B），在框定的长方形四边加上3~5cm的余量。

图3–23（C），在布片上重新画出加了余量的长方形。然后画出腰围线（黑线）、胸围线（黑线）、前中线（红线）。

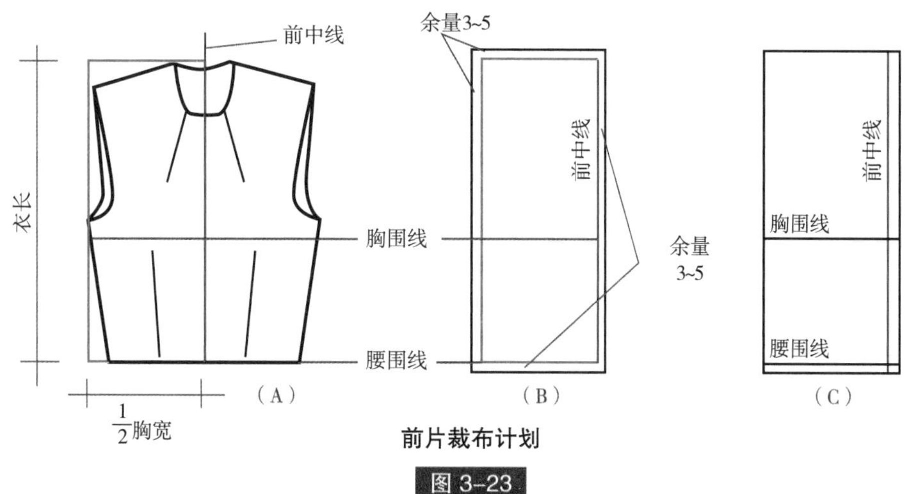

前片裁布计划

图 3–23

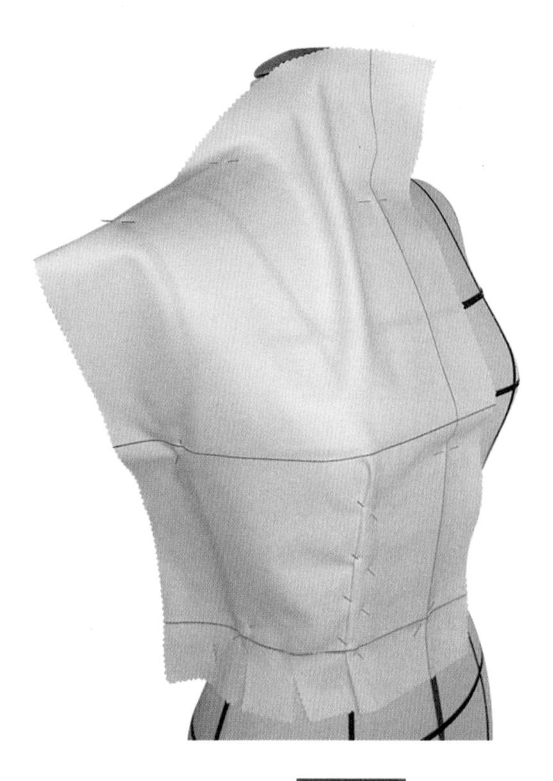

图 3-24

立裁步骤

将布片覆在人体模型上（图3-24），然后根据32~39页所介绍的方法完成胸围线以上部分。

将布片从袖窿往前中线方向抚平，然后用大头针将布片固定在肩端点处，另一根大头针固定领口前中点。

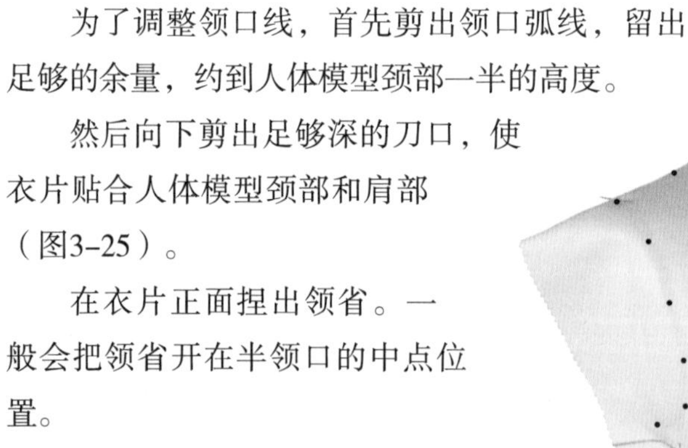

为了调整领口线，首先剪出领口弧线，留出足够的余量，约到人体模型颈部一半的高度。

然后向下剪出足够深的刀口，使衣片贴合人体模型颈部和肩部（图3-25）。

在衣片正面捏出领省。一般会把领省开在半领口的中点位置。

然后，按照人体模型上标线位置，在布片上用点描出侧缝线、袖窿弧线、肩线、领口线、腰省以及领省。

领省的省尖距离胸高点约2cm。

图 3-25

衣片样板

从人体模型上将衣片取下，并拿掉所有的大头针。如有必要，低温熨烫。

用直尺和曲线板，沿着所描的点，在布片上画出完整的衣片样板。

在净样板的基础上，四边加上适当的缝份余量，然后剪下（图3-26）。

建议大家用透明拷贝纸，将衣片样板复制到样板纸上。事实上，纸样板更加容易保存，而且没有样板变形的风险。

图 3-26

抽褶领

如果领口采用抽褶设计，那领省就可以被转移分散。

裁布方法和操作步骤，与制作普通的领省一样（参见第63页），只有在抽褶这一步会有所不同。

首先，把省量平均分配在碎褶里，然后沿着领口弧线用大头针将褶固定。

最后，按照人体模型上标线，在布片上用点描出侧缝线、袖窿弧线、肩线以及领口的细褶（图3-27）。

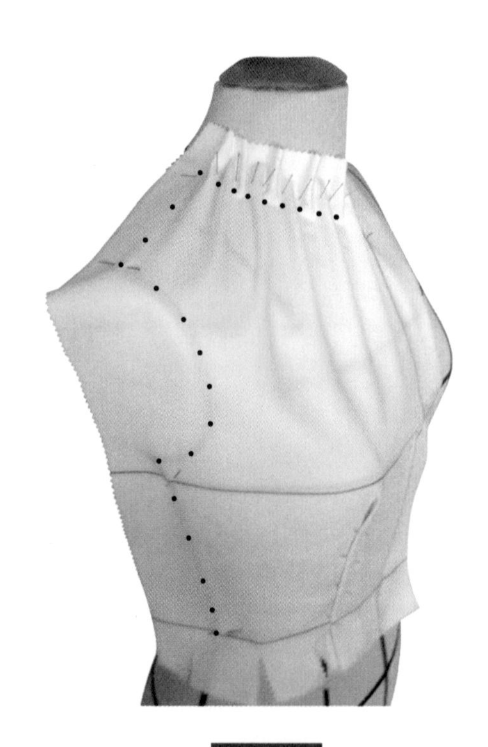

图 3-27

衣片样板

从人体模型上将衣片取下，并拿掉所有的大头针。如有必要，低温熨烫。

用直尺和曲线板，沿着所描的点，在布片上画出完整的衣片样板。

在净样板的基础上，四边加上适当的缝份余量，然后剪下（图3–28）。

建议大家用透明拷贝纸，将衣片样板复制到样板纸上。事实上，纸样板更加容易保存，而且没有样板变形的风险。

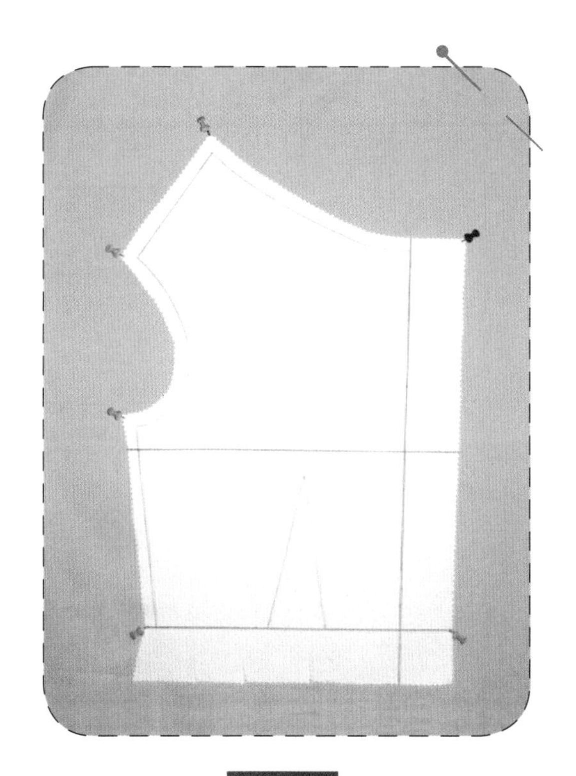

图 3–28

胸间省

款式结构图

在款式结构图（图3-29）上，要清楚地注明：

— 前片的衣长和胸宽。

— 省道的位置。

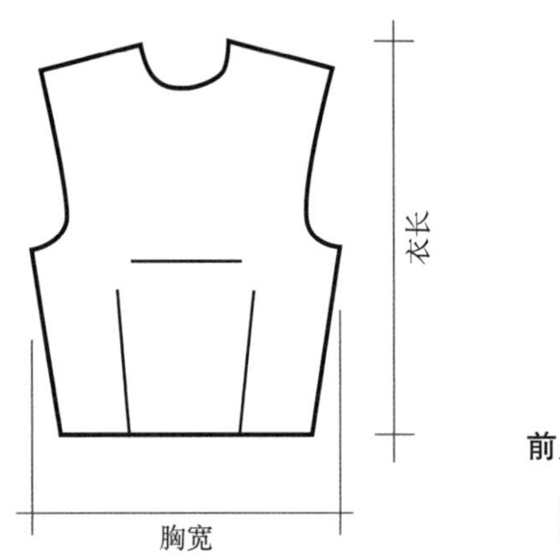

前片款式结构图

图 3-29

前片裁布计划

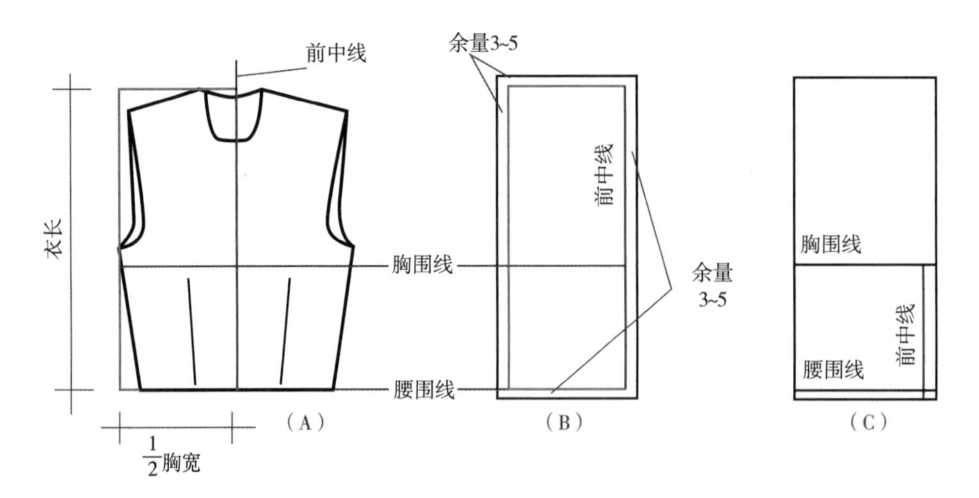

前片裁布计划

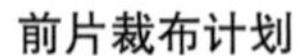
图 3-30

图3-30（A），标明前中线（红线），然后按照衣长和半胸宽尺寸，在布上画出长方形（蓝框）。

图3-30（B），在框定的长方形四边加上3~5cm的余量。

图3-30（C），在布片上重新画出加了余量的长方形。然后，画腰围线（黑线）、胸围线（黑线）、前中线（红线）。

前中线只需画到胸围线的位置即可，等做出胸省后，再将前中线画完整。

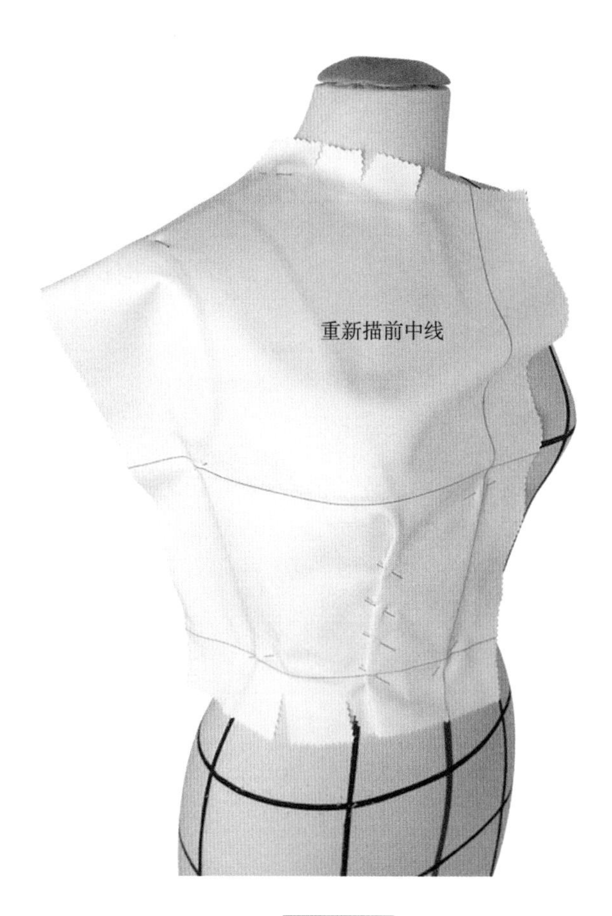

图 3-31

立裁步骤

将坯布覆在人体模型上（图3-31），然后根据32~39页所介绍的方法完成前片。

在胸围线以上部位，从袖窿往前中线方向抚平布片。然后用大头针将布片固定在肩端点处，另一根大头针固定在领口前中点。

为了调整领口线，首先剪出领口弧形，留出足够的布边余量，约到人体模型颈部一半的高度。然后向下剪出足够深的刀口，使布片贴合人体模型颈部和肩部。

在领口的前中点位置固定大头针。向下抚平布片，直到胸围线的位置，省量会自然地出现。然后用大头针别出胸间省来。

根据人体模型上标线位置，在布片上描出新的前中线，然后是领口线、肩线、袖窿弧线、侧缝线、腰省以及胸间省（图3–32）。

胸间省的省尖距离胸高点约2cm。

在加了省量之后，我们需要重画前中线，以保持垂直。

将带有胸间省的前中部位，平铺在工作台上（图3–33）。

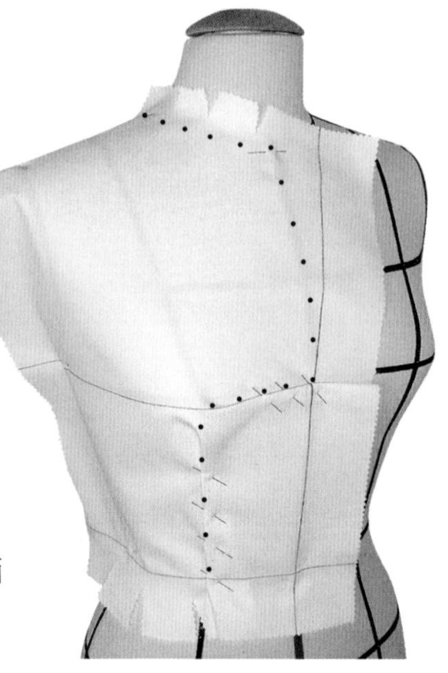

图 3–32

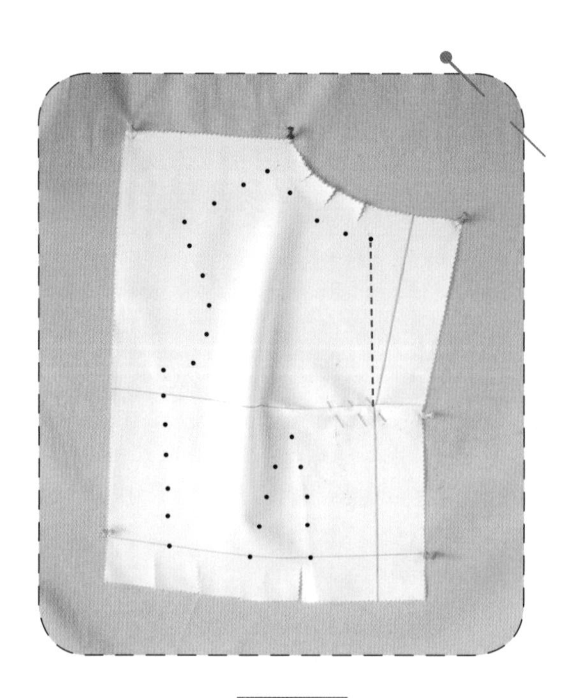

图 3–33

衣片样板

从人体模型上将衣片取下，并拿掉所有的大头针。如有必要，低温熨烫。

用直尺和曲线板，沿着所描的点，在布片上画出完整的衣片样板。

在净样板的基础上，四边加上适当的缝份余量，然后剪下（图3-34）。

建议大家用透明拷贝纸，将衣片样板复制到样板纸上。事实上，纸样板更加容易保存，而且没有样板变形的风险。

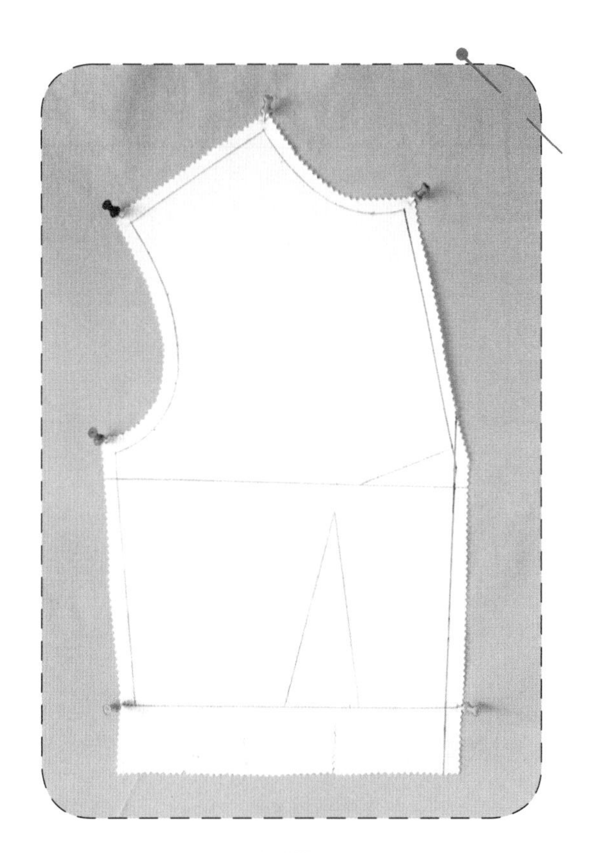

图 3-34

四、领

领子有很多造型。本书将向大家介绍最有代表性的几种领型的做法。

关于领子的立裁，将通过配图向大家作详细的讲解。掌握基本方法后，可以根据个人喜好，充分运用想象力，创造出更多的领型。

驳领

驳领，是从领口起，将前门襟上半部分向外翻折形成的领子。

驳领的款式通常要加挂面，也就是与前门襟形状相同的一个部件。

一般来说，驳领的造型可以各异（图4-1），但都是V型领，只是开得深浅不同。

驳领的造型好看与否，对一件服装的外观非常重要。它可以是单独的，也可以与翻领连在一起，如西装领。

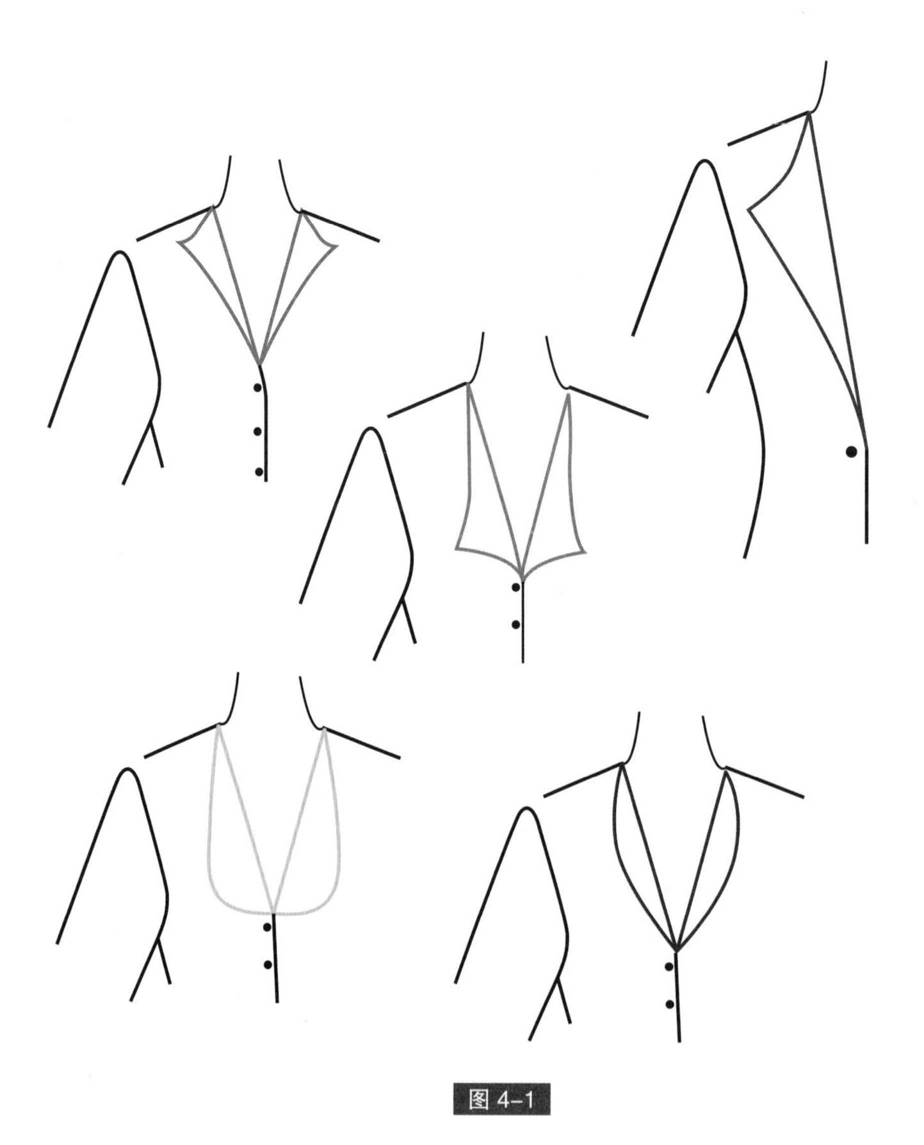

图 4-1

驳领与挂面分开式结构

款式结构图

在款式结构图（图4-2）上，要注明领深和驳头宽的尺寸。

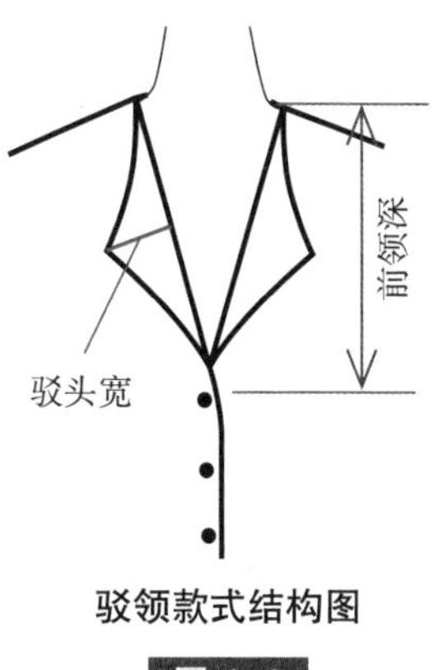

驳领款式结构图

图 4-2

裁布计划

图4-3（A），对称画出驳领（黑线），并标明前中线（红线）。然后根据衣长和半胸宽在坯布上画出长方形（橘色框）。

图4-3（B），在框定的长方形的上、下边线和侧边加3~5cm的余量，前中线处只需要加1~2cm缝份量即可。

图4-3（C），在坯布上重新画出加了余量的长方形。然后标明主要的结构线：腰围线（黑线）、胸围线（黑线）以及前中线（红线）。

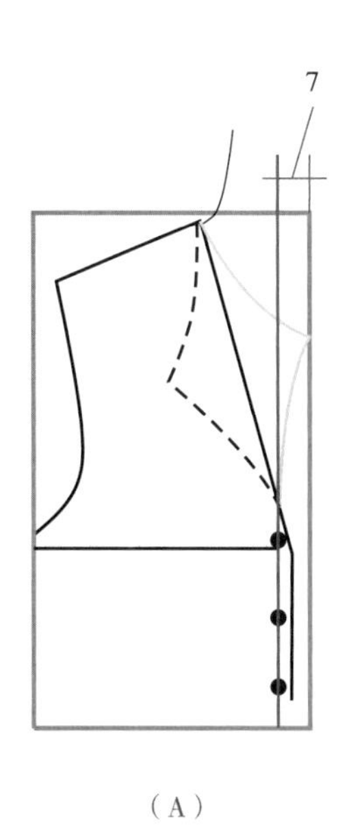

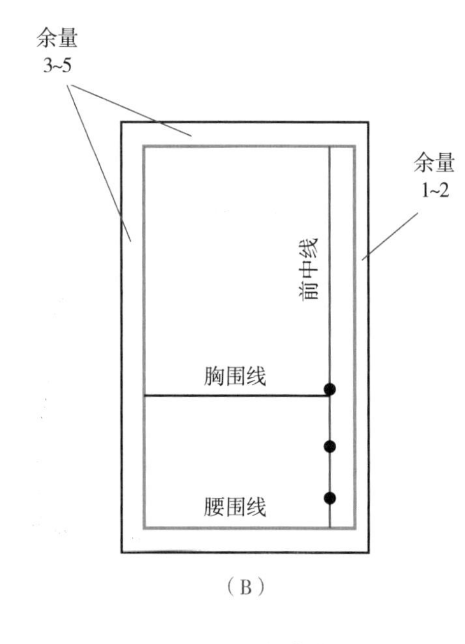

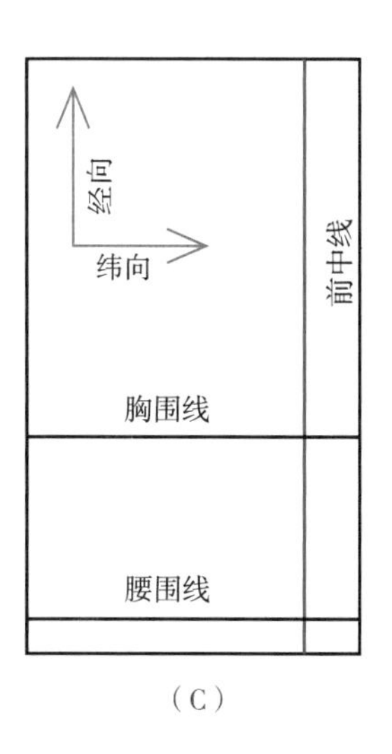

驳领裁布计划

图 4-3

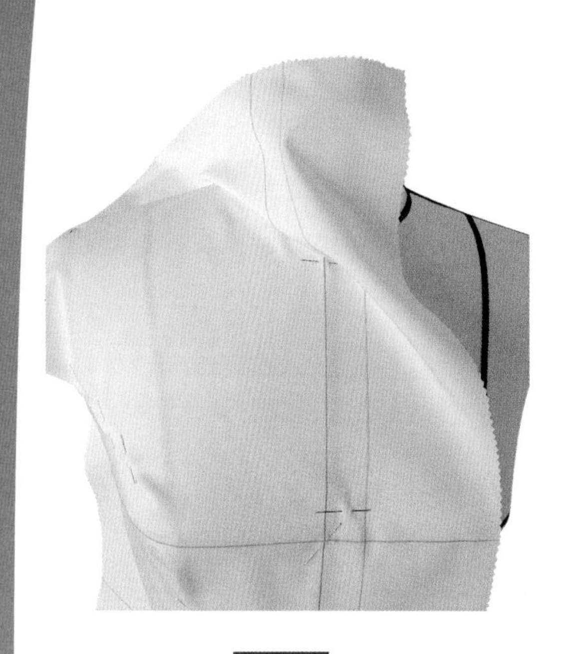

图 4-4

立裁步骤

将坯布覆在人体模型上（图4-4），然后根据32~39页介绍的方法完成前片。

根据款式要求，做出省道，在这里，我们做袖窿省和腰省。

用大头针在前门襟上标出领深（图4-4，胸围线上约3cm）。门襟宽度根据款式需要或者纽扣大小而定。

领深点以下的门襟，留出1~2cm的缝份后，将多余的布剪去（图4-5）。

沿侧颈点至前领深点连线，向外翻折前片的上半部分。在翻折后的衣片上，画出所需要的领型。

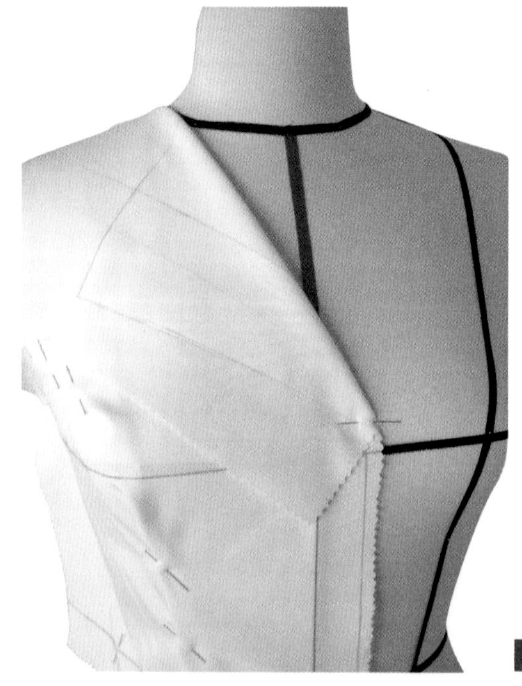

图 4-5

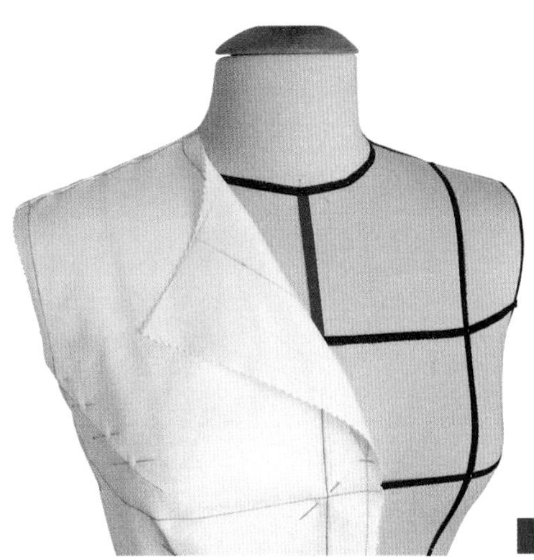

剪出驳领的形状，留1~2cm的缝份。然后将领口和驳领的连线画顺，这样能得到较好的视觉效果（图4-6）。

领子的翻折线，是由肩线至领深点的一条直线。

图 4-6

衣片样板

从人体模型上将衣片取下，并拿掉所有的大头针。如有必要，低温熨烫。

用直尺和曲线板，沿着所描的点，在布片上画出完整的衣片样板。

在净样板的基础上，四边加上适当的缝份余量，然后剪下（图4-7）。

建议大家用透明拷贝纸，将坯布样板复制到样板纸上。事实上，纸样板更加容易保存，而且没有样板变形的风险。

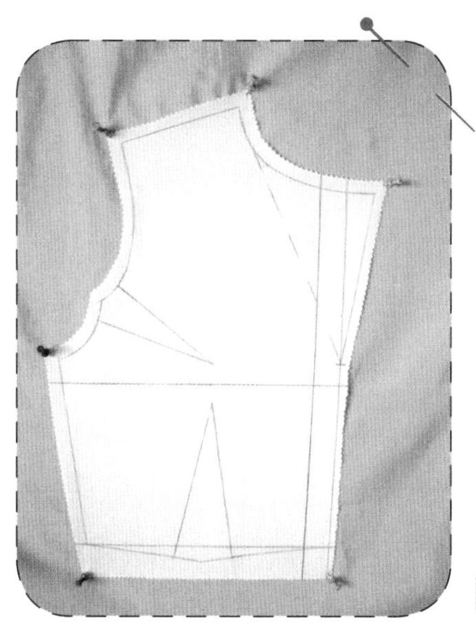

图 4-7

驳领与挂面连折式结构

如果驳领的宽度不超过前门襟线，就可以将挂面做成连折式。

一般来说，衣服的挂面不加缝份。挂面通常是在衣服的内侧，不会被看到，但是翻驳领的情况例外。

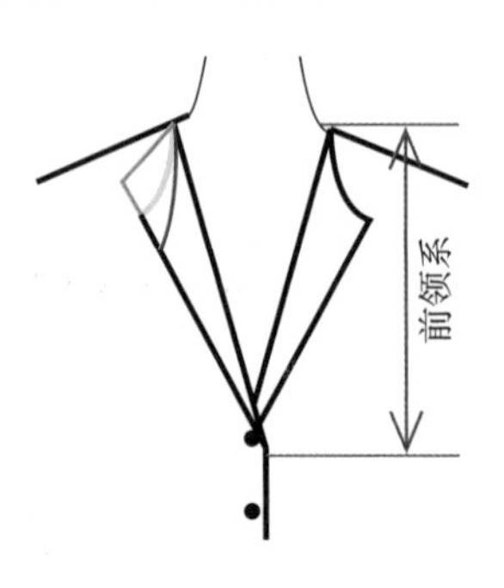

图 4-8

款式结构图

在款式结构图（图4-8）上，必须注明门襟的宽度（2~3cm），它主要取决于纽扣大小。然后注明前领深。

除了串口可以设计成不同的造型，驳头的其他部位是不变的（图4-8，彩色线）。因为门襟是直线，所以驳头宽是一定的。

裁布计划

图4-9（A），画出前中线（黑线）、门襟（绿线）、对称的驳头翻折线以及领口弧线。

画出挂面的形状［图4-9（A），紫色线］，在肩线的位置必须有足够的量，否则挂面翻折不过来。挂面在前中的宽度，要比门襟多出1~2cm。

图4-9（B），以门襟翻折线为中线，对称地画出挂面。然后以前片加上挂面的宽度为基础，画出长方形（橘色框）。

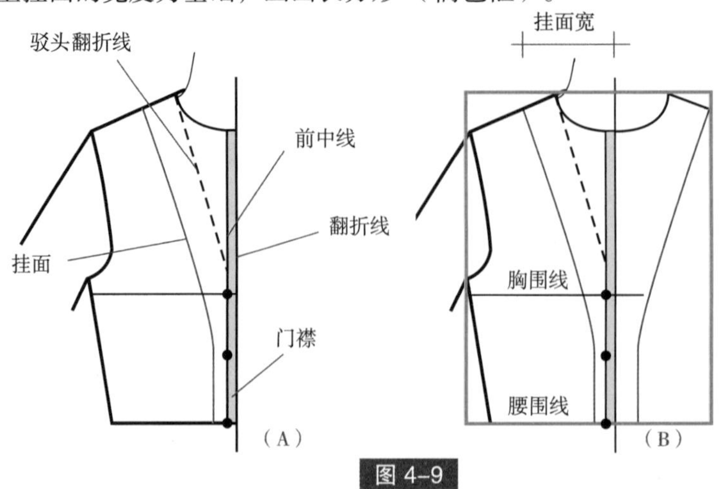

图 4-9

图4-10（C），在框定的长方形的四边按图示加上一定余量。

图4-10（D），在布片上重画出加了余量的长方形，标明主要的结构线：前中线 （红线）、腰围线（黑线）、胸围线（黑线）以及翻折线（虚线）。

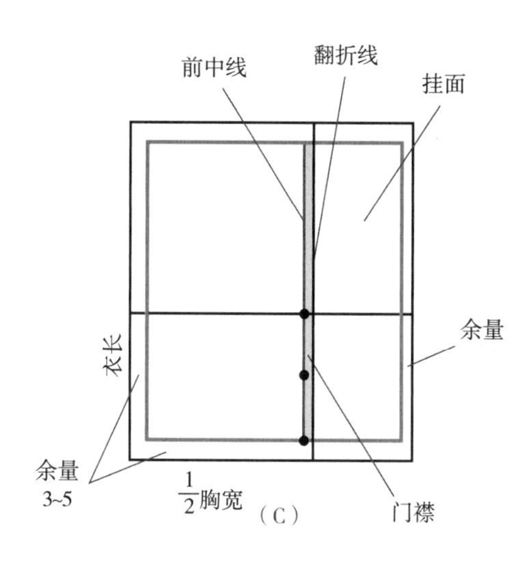

（C）

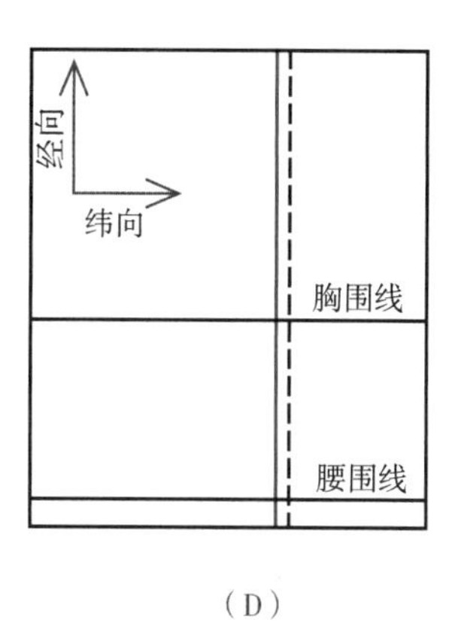

（D）

图 4-10

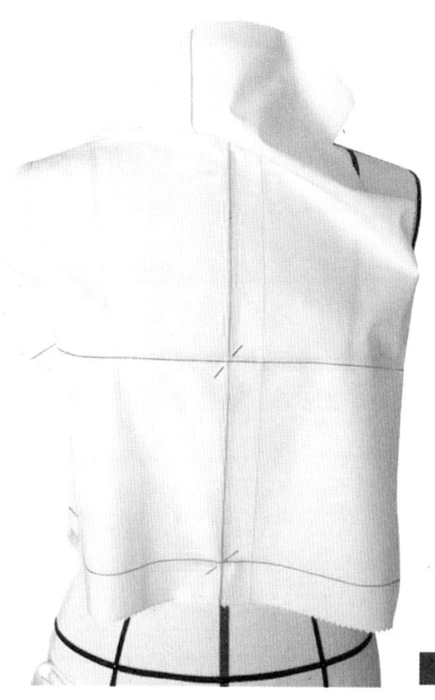

图 4-11

立裁步骤

将坯布覆在人体模型右边，注意前中线、胸围线和腰围线要与人体模型上的标线吻合（图4-11）。

根据款式要求，捏出省道，在这里，我们做袖窿省和腰省。

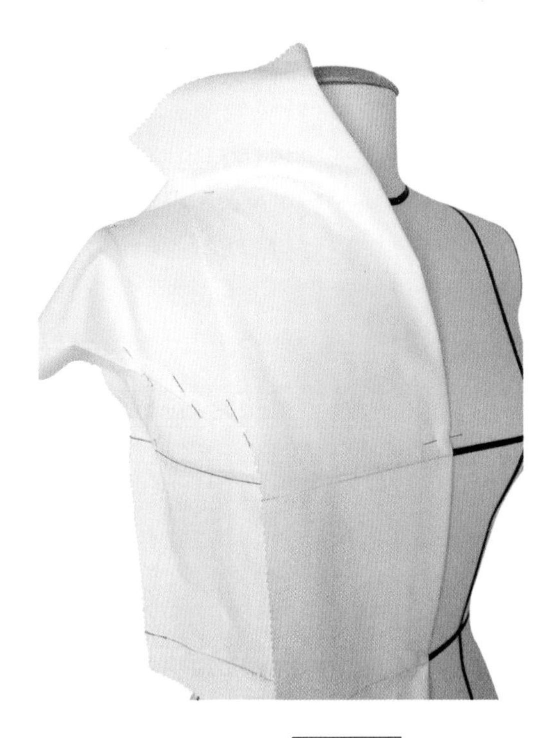

沿着翻折线，折叠前中布片。在门襟上用大头针标出领深（图4–12，胸围线上3cm）。抚平折叠部分的布片，确保没有鼓包和褶皱。然后用大头针将两层布固定在肩线上。

图 4–12

连挂面一起，将前门襟翻折，在翻折后的布片上画出所要的领型。在腰围线上定出挂面宽度（图4–13）。

根据面料厚薄或是款式要求，这个宽度会有所不同。一般来说，挂面比门襟宽1~2cm，但不超过$\frac{1}{2}$的乳间距。挂面翻折后，绝对不能宽过胸高点，通常为5~7cm。

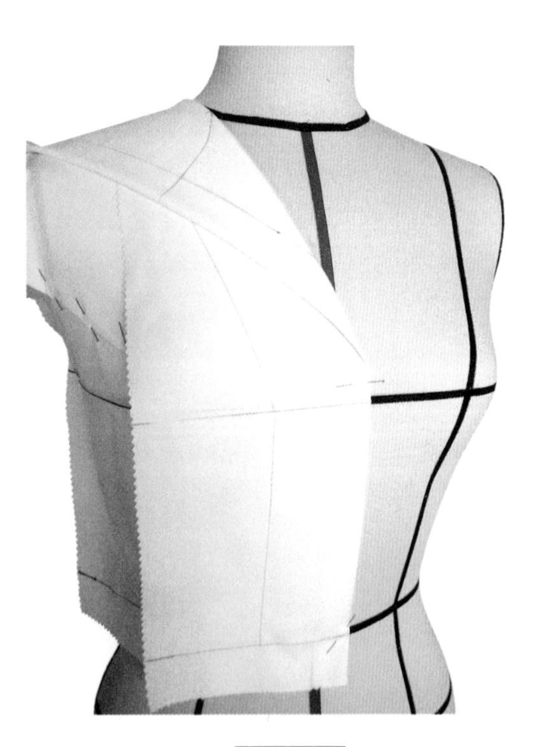

图 4–13

加了缝份之后，剪出驳头的形状。在领深点的翻折部位，要注意将直线和斜线画圆顺。

沿着翻折线，将挂面折向衣片内侧（图4–14）。

用点描出肩线，袖窿弧线和侧缝线（图2–18）。

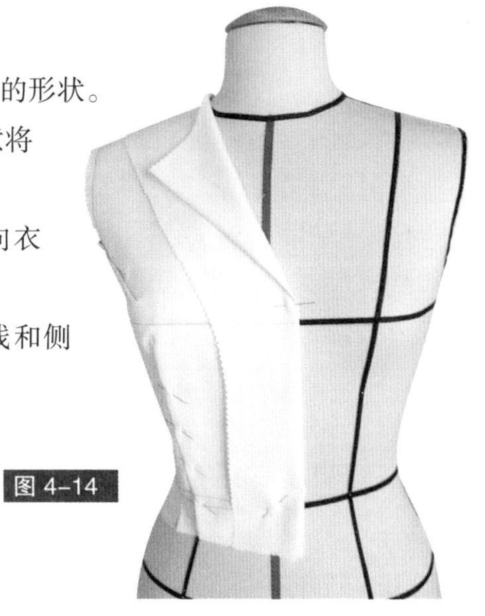

图 4–14

衣片样板

从人体模型上将衣片取下，并拿掉所有的大头针。如有必要，低温熨烫。

用直尺和曲线板，沿着所描的点，在布片上画出完整的衣片样板。

在净样板的基础上，四边加上适当的缝份余量，然后剪下（图4–15）。

建议大家用透明拷贝纸，将坯布样板复制到样板纸上。事实上，纸样板更加容易保存，而且没有样板变形的风险。

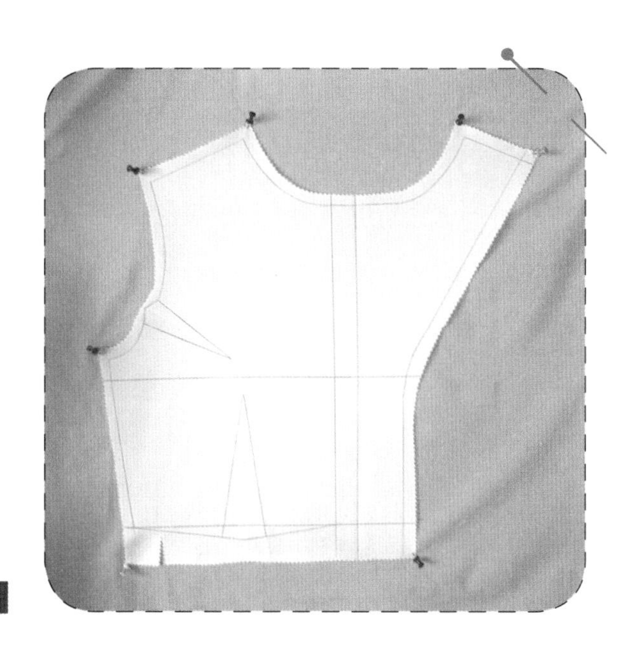

图 4–15

青果领

青果领是将驳领延长至后中线，由领座和翻领构成的一种领型。青果领有不同的造型（图4-16），但立裁方法是一样的。

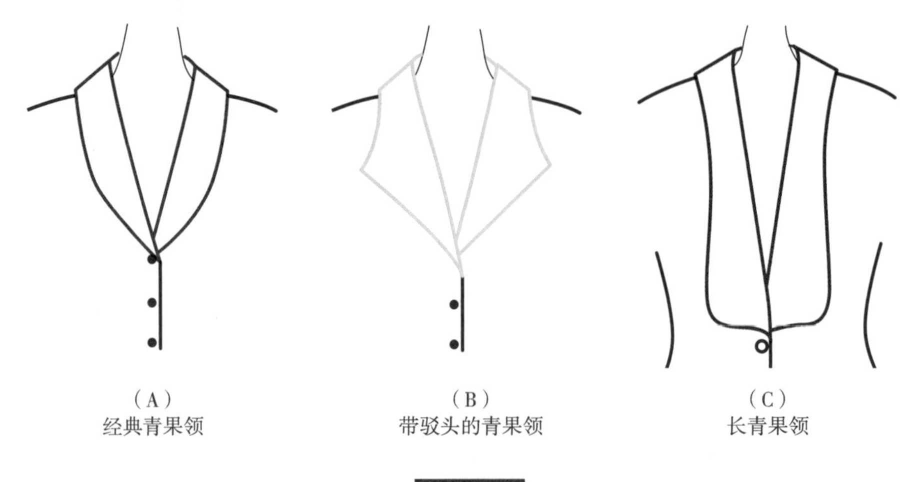

（A）
经典青果领

（B）
带驳头的青果领

（C）
长青果领

图 4-16

款式结构图

在款式结构图（图4-17）上，注明前领深、翻领宽和门襟宽。

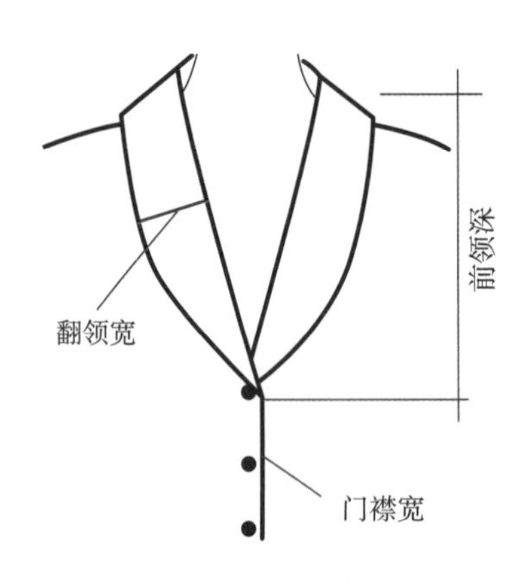

青果领结构图

图 4-17

裁布计划

图4–18（A），标明前中线（红线）和门襟宽度(绿线)。画出青果领（虚线），然后以领折线为中线，画出对称的领子（紫线）。最后，以前胸宽+领宽的总和作为长方形的宽度，在坯布上画出长方形（橘色框）。

图4–18（B），在所画长方形的底边和侧边加3~5cm的余量，前中线只需要加1~2cm缝份量即可。长方形上边缘所加余量，等于领口宽度加3~5cm。如领口宽度=9cm，上边缘余量=9cm+5cm=14cm。

图4–18（C），在坯布上重画出加了余量的长方形及主要结构线。领深可以随时改动，但在裁布时没有什么区别。

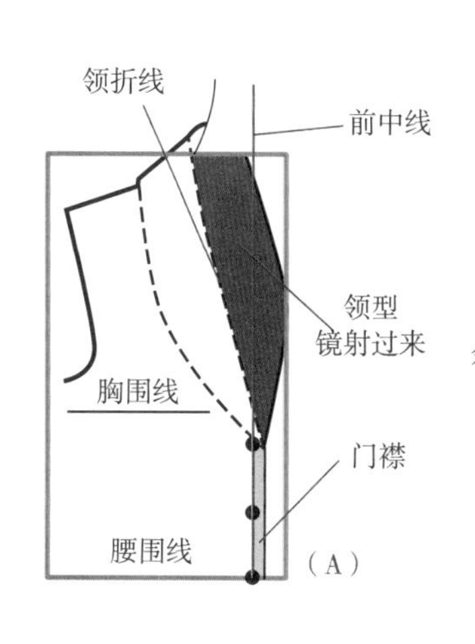

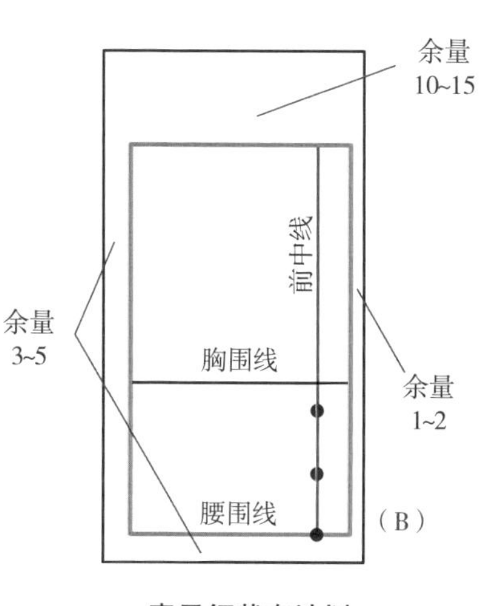

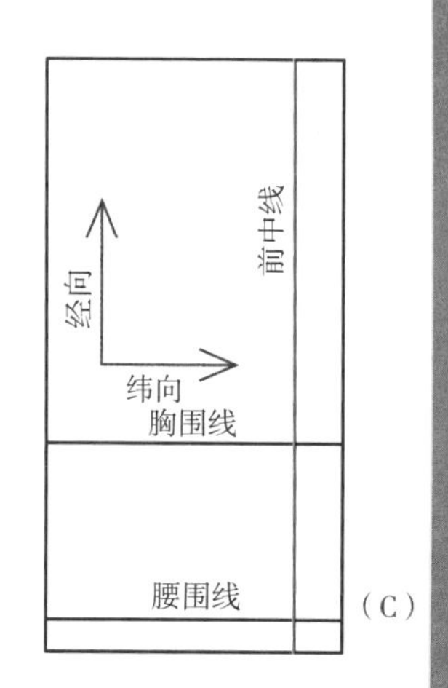

青果领裁布计划

图 4–18

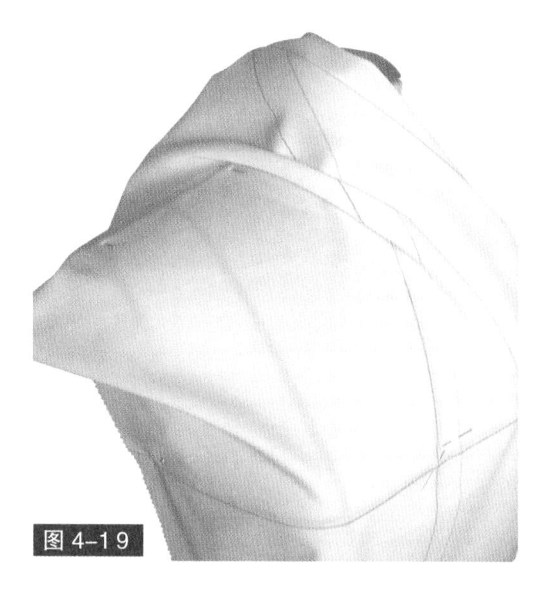

图 4–19

立裁步骤

将坯布覆在人体模型右边，注意前中线，胸围线和腰围线要与人体模型上的标线吻合。

根据款式要求，做出省道。

在门襟处用大头针别出前领深度（图4–19，胸围线上约3cm）。

在肩线上用大头针固定坯布，一根在袖窿弧线上，另一根在领口处。

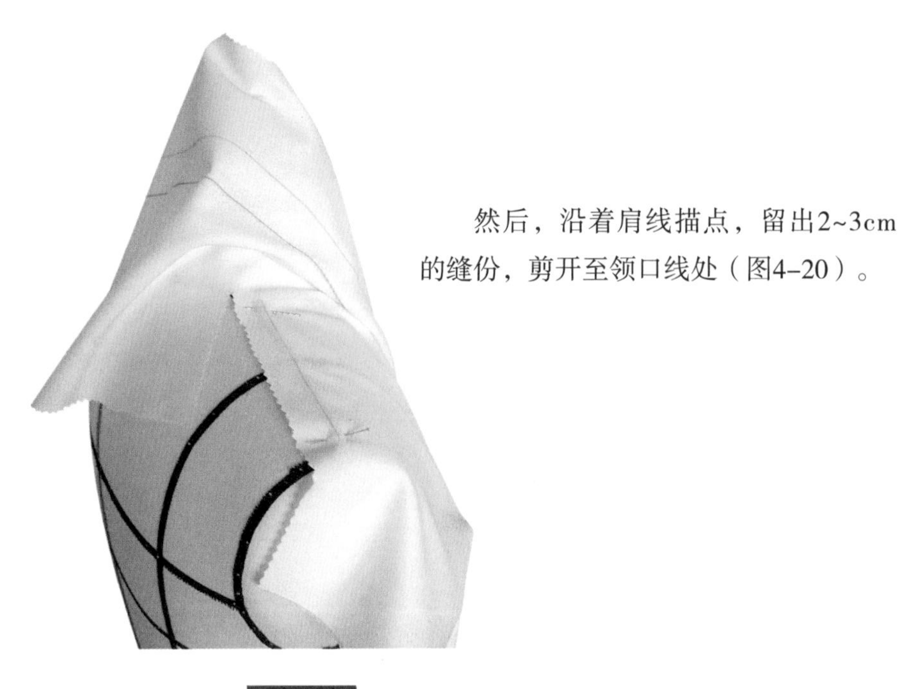

然后，沿着肩线描点，留出2~3cm的缝份，剪开至领口线处（图4-20）。

图 4-20

跟着剪开的刀口，沿人体模型的后领口弧线将布片抚平。在领口和背中线的交点上固定大头针。然后，按人体模型标线在布片上将后领口线用点描出。最后，延长背中线，并标明领座的高度（图4-21）。

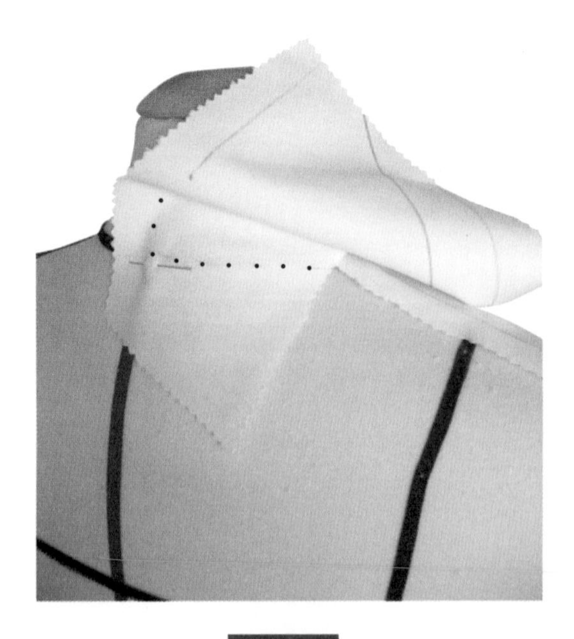

图 4-21

根据领座高度，向下翻折领面。然后，从前中起画出翻领形状，留出1~2cm的缝份，最后剪下（图4-22）。

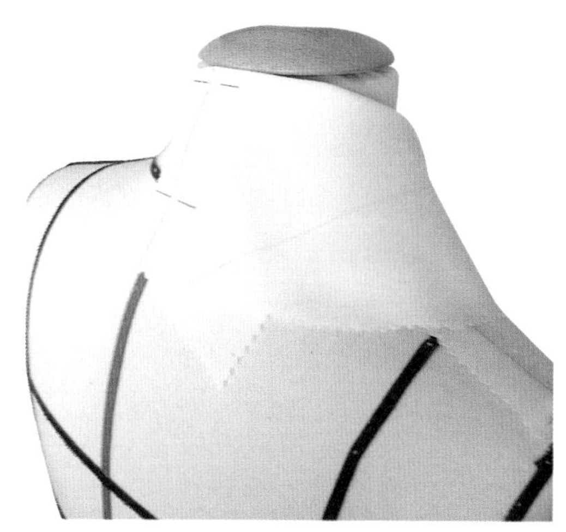

图 4-22

图 4-23

如图4-23所示的青果领，领座高为5cm，紧贴领口弧线。为了让领子更加贴合颈部，我们可以加宽领口，操作步骤相同。

根据款式要求，领座的高度可以改变。

衣片样板

从人体模型上将衣片取下，并拿掉所有的大头针。如有必要，低温熨烫。

用直尺和曲线板，沿着所描的点，在布片上画出完整的样板。

在净样板的基础上，四边加上适当的缝份余量，然后剪下（图4-24）。

建议大家用透明拷贝纸，将衣片样板复制到样板纸上。事实上，纸样板更加容易保存，而且没有样板变形的风险。

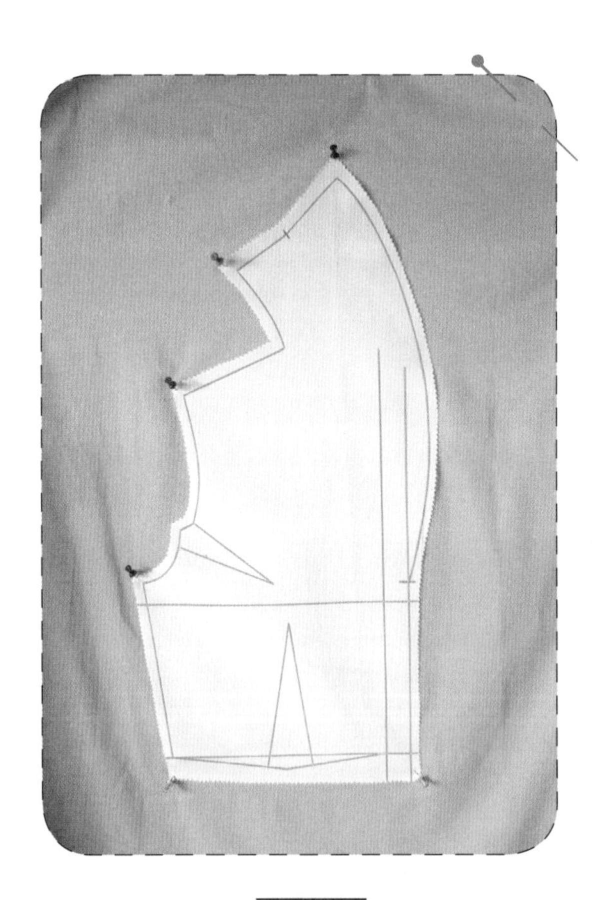

图 4-24

连立领

连立领，是指将前后衣片延伸至颈部成领。立领可高可低，可以贴合颈部，也可以远离颈部。

无论立领的造型如何（图4-25），有翻领或没有翻领，对称或者不对称，关闭式或开放式，立裁的步骤是一样的。

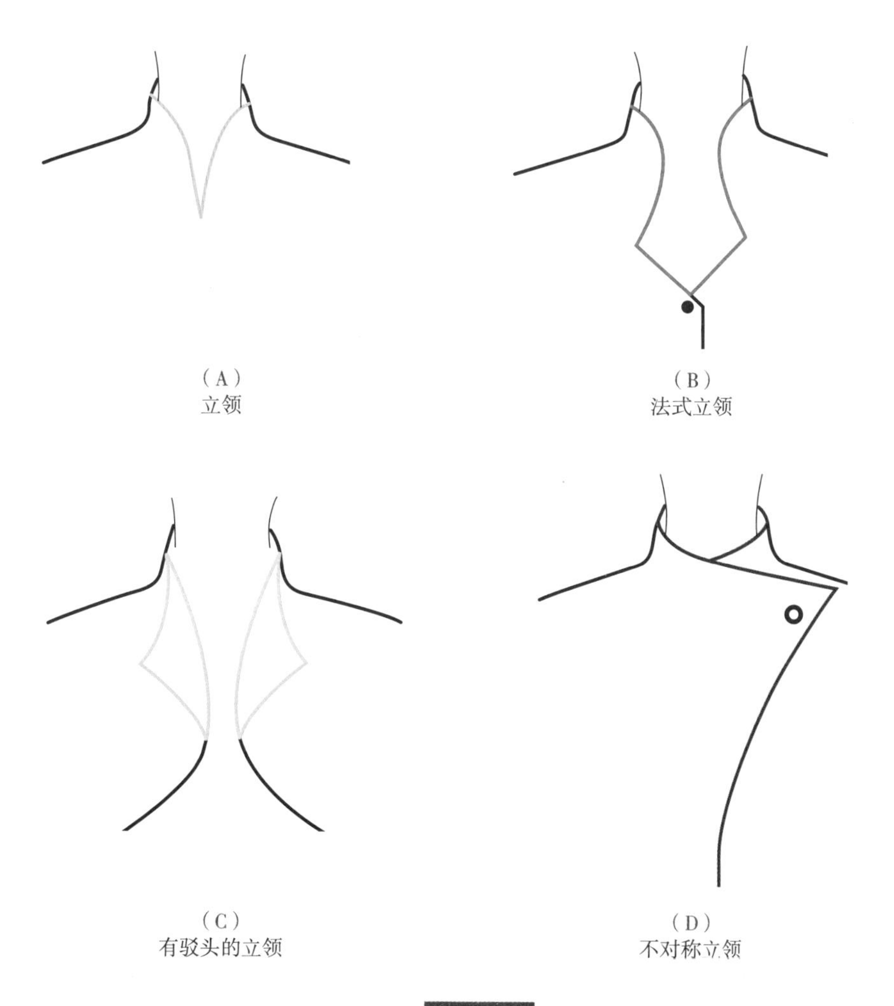

图 4-25

经典连立领

款式结构图

在款式结构图（图4–26）上，注明领高和前领深。

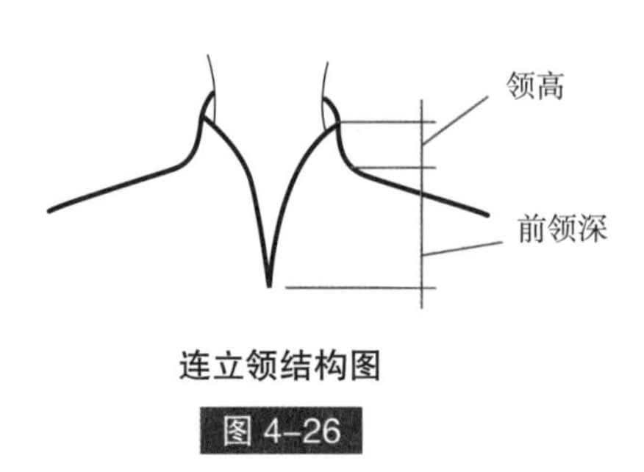

连立领结构图

图 4–26

裁布计划

图4–27（A）、（B），画出前中线（A）和背中线(B)， 然后如图4–27 橘色线所示，在坯布上画出长方形。

图4–27（C），按照款式图，前片和后片留出同样的余量。

图4–27（D），在布片上重画出加了余量的长方形及主要结构线：后中线（红线）、前中线（红线）、胸围线（黑线）和腰围线（黑线）。

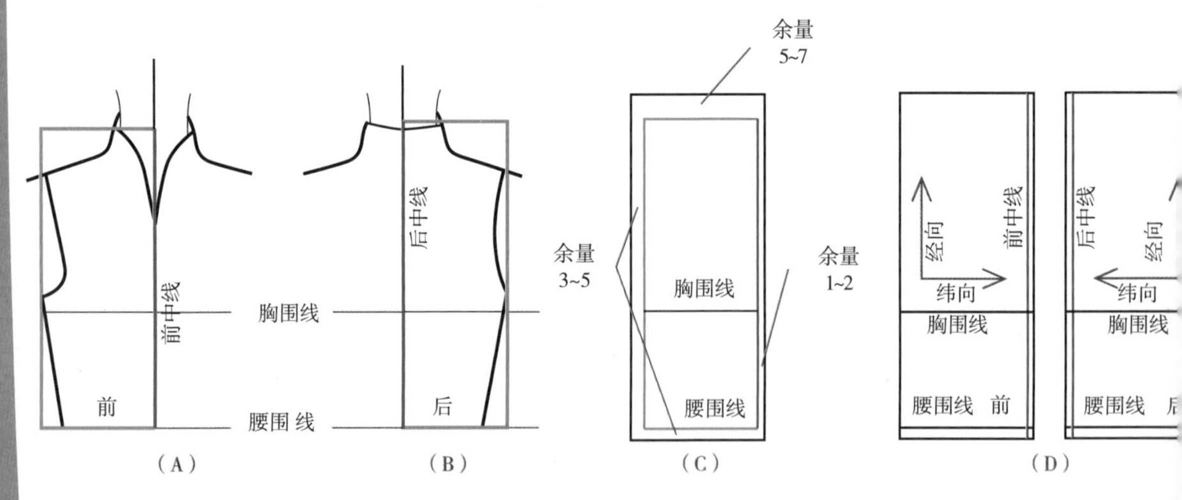

连立领裁布计划

图 4–27

立裁步骤

将坯布覆在人体模型上，按32~44页所介绍的方法，完成前片和后片。

根据款式要求，做出省道。

用点描出领口线和肩线（图4-28、图4-29）。

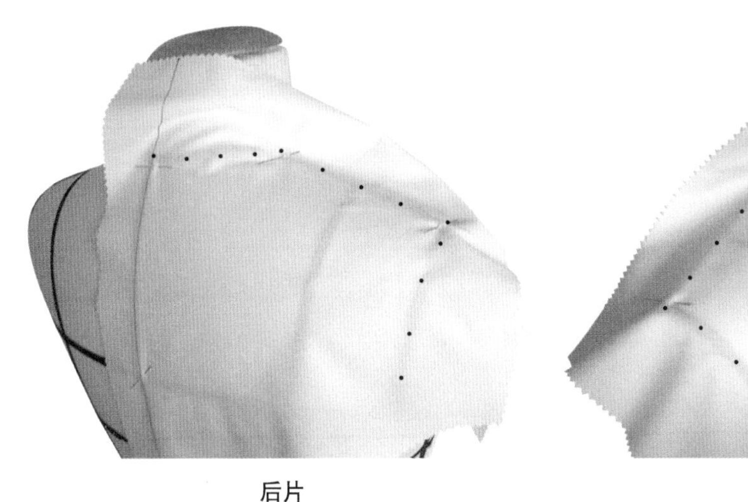

后片

图 4-28

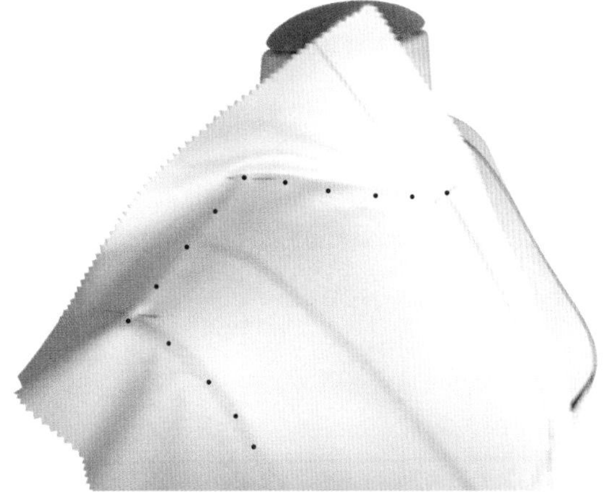

前片

图 4-29

连立领与衣片是连在一起的，在领口处没有分割，所以需要对结构做一定的调整。

将布片从人体模型上取下，如有必要，低温熨烫。

放平衣片，描出领子的轮廓。

然后，延长前片的肩线（图4-30），定出所需的立领高度，如3~5cm。画出水平线（图4-30，蓝线）。最后，加上2~3cm的缝份，（图4-30，白线）。

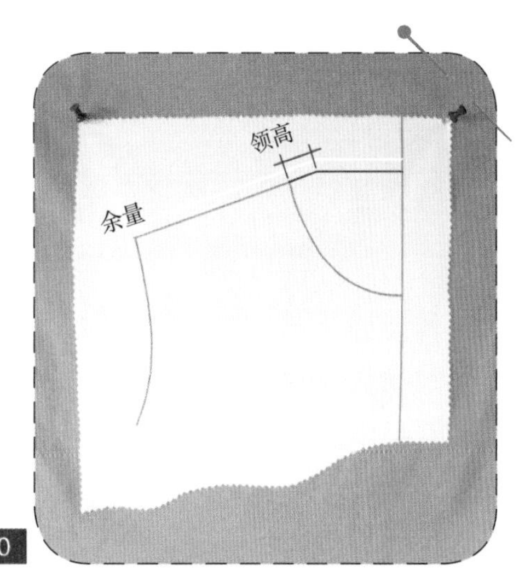

前领

图 4-30

在后领口线与肩线交点处，画一条垂直线，定出后领高。注意，后领高要与前领高保持一致。然后画一条水平线（图4-31，蓝线）,加2~3cm的缝份（图4-31，白线）。

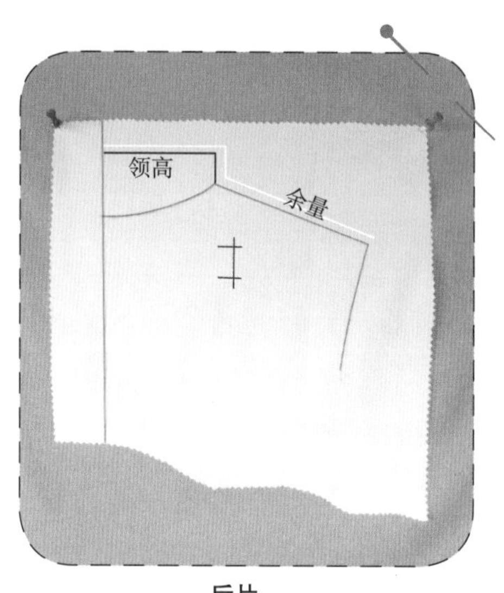

后片

图 4-31

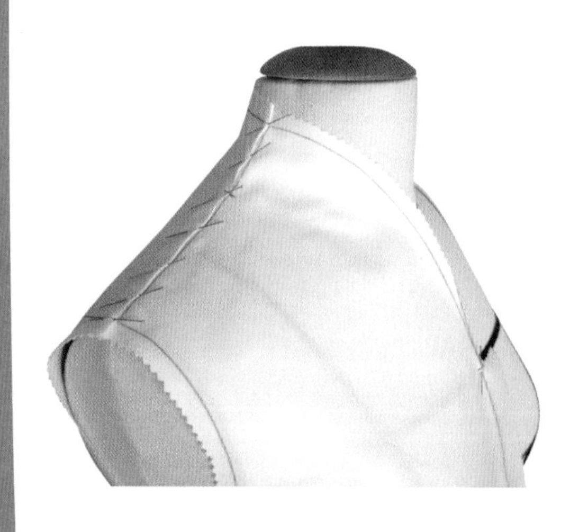

图 4-32

将修改后的前后衣片沿轮廓线剪下。然后再次将衣后片放在人体模型上，肩线处用大头针将前后衣片拼合，缝份朝向背部（图4-32）。衣片拼合之后，检查所有的结构线是否吻合。

最后，将前片立领画出，剪下。

注意：

如果立领的高度大于5cm，必须加领省。

衣片样板

从人体模型上将衣片取下，并拿掉所有的大头针。如有必要，低温熨烫。

用直尺和曲线板，沿着所描的点，在布片上画出完整的衣片样板。

在净样板的基础上，四边加上适当的缝份余量，然后剪下（图4–33）。

建议大家用透明拷贝纸，将坯布样板复制到样板纸上。事实上，纸样板更加容易保存，而且没有样板变形的风险。

前片

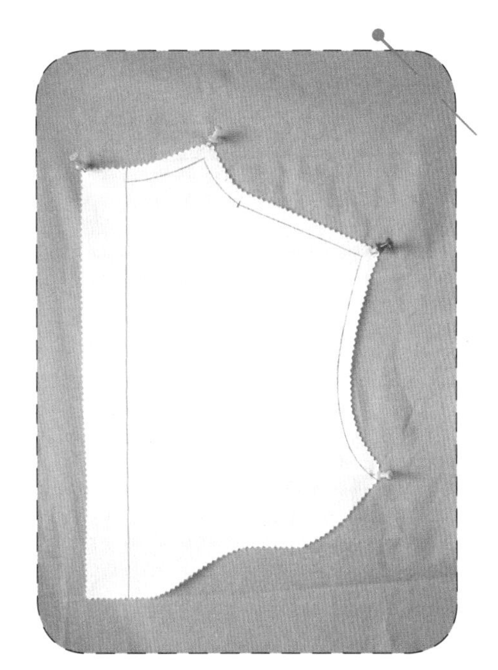

后片

图 4–33

带驳头的连立领

款式结构图

在款式结构图（图 4–34）上，注明必要的信息：领型（这里介绍的是尖驳头，还可以有其他领型）、驳头宽和立领高。

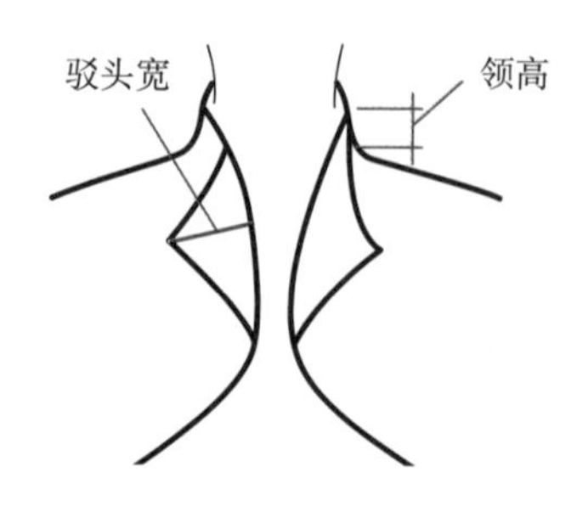

带驳头连立领结图

图 4–34

裁布计划

图4–35（A），画出前中线， 沿领翻折线画出对称的领驳头（紫线）。

图4–35（B），在布上画出长方形，用作前片的立裁（橘色框）。

图4–35（C），在长方形的上、下边线和侧边加上3~5cm的余量，前中线部位加1~2cm的缝份量。

图4–35（D），在布片上重画出加了余量的长方形及主要的结构线：前中线（红线）、胸围线（黑线）、腰围线（黑线）。后片的裁布，请参考第88页。

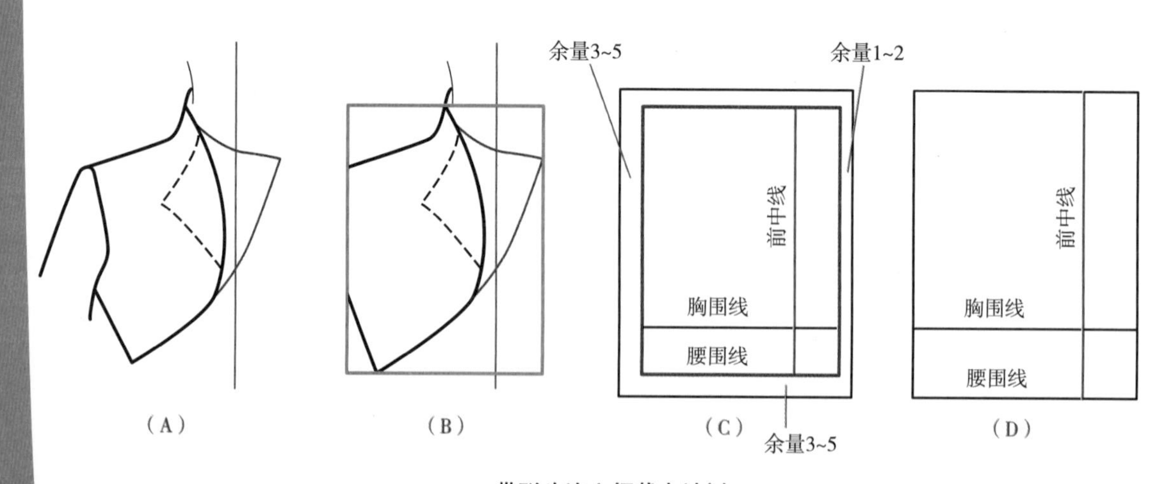

带驳头连立领裁布计划

图 4–35

立裁步骤

按照第89和90页介绍的方法，准备前后衣片，并且画出前领和后领。

再将布片覆在人体模型上。拼合前后衣片，注意对齐结构线（图4–36）。

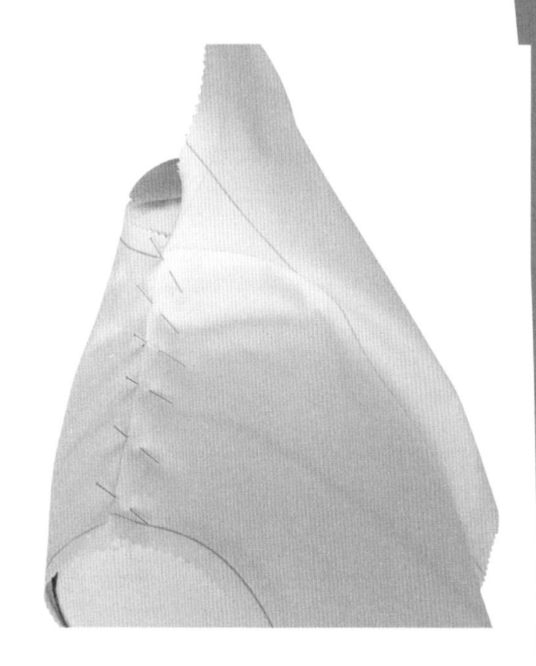

图 4–36

翻折领驳头至领深点。然后画出所需要的驳头形状，剪下。注意不要将整条翻折线压死，有一定的翻折弧度，会让驳领看上去更漂亮（图4–37）。

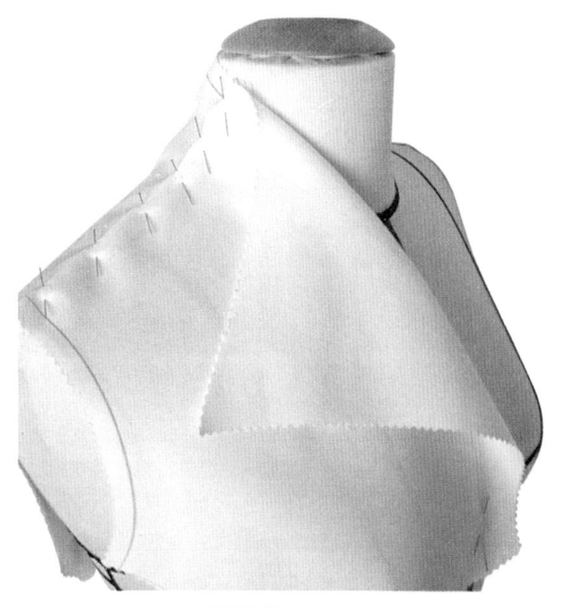

图 4–37

衣片样板

从人体模型上将衣片取下，并拿掉所有的大头针。如有必要，低温熨烫。

用直尺和曲线板，沿着所描的点，在布片上画出完整的衣片样板。

在净样板的基础上，四边加上适当的缝份余量，然后剪下（图4–38）。

建议大家用透明拷贝纸，将坯布样板复制到样板纸上。事实上，纸样板更加容易保存，而且没有样板变形的风险。

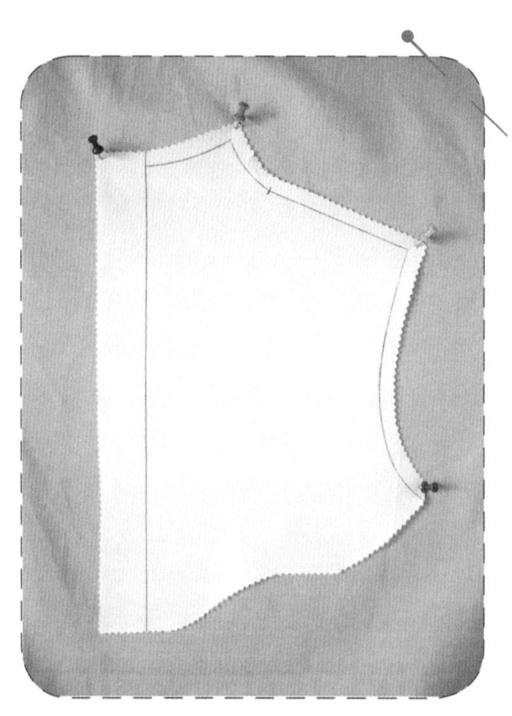

后片

前片

图 4–38

平领

款式结构图

平领，指领面平贴在肩上的一种领型。这种领子没有领座，直接连在前后领口上。

制作平领的方法都是相同的。这里介绍3个款式（图4-39）。

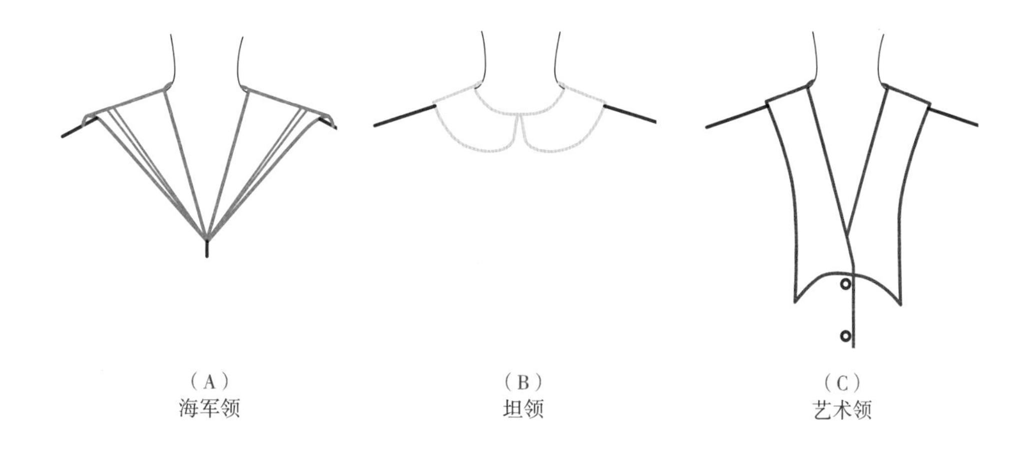

图 4-39

立裁步骤

首先准备前后衣片，因为此类领型是以领口弧线为基线而画的。

如图4-40所示，先将衣片样板铺平，取一张透明拷贝纸覆在衣片样板上，描出领口弧线、后中线和前中线。

后中线必须放在垂直的位置，然后将前片的样板在肩线处与之拼合，并在外肩端点处留出1cm，以便给领子留出松量。

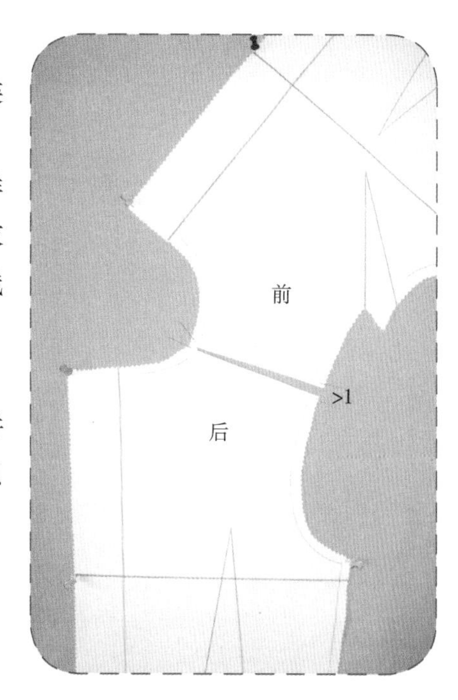

图 4-40

取一张透明拷贝纸，描出前后领口弧线，如图4–41（A）所示。

在坯布上画出所需要的领型，然后剪下。注意四边要加出1~2cm的缝份，但与领口缝合的弧线除外，因为缝份已经包括在内了。

图4–41（B）中，绿色的是海军领，蓝色是坦领，玫瑰色是艺术领。

图4–42为坦领的衣片样板。

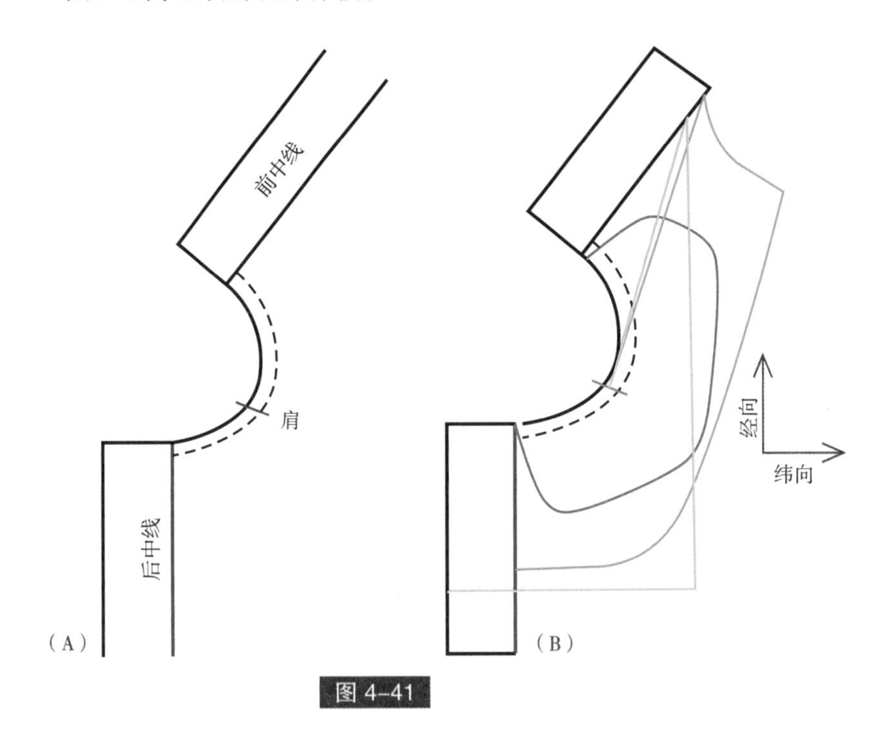

图 4–41

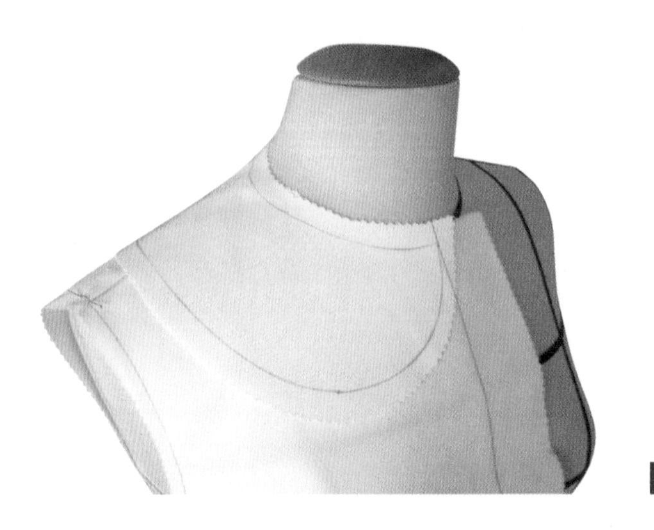

图 4–42

翻领

翻领有相当多的款式变化（图4–43）。不同之处在于前领领面的造型，后领基本都是垂直线连折的。

所有翻领都是在前、后领口的基础上完成的。

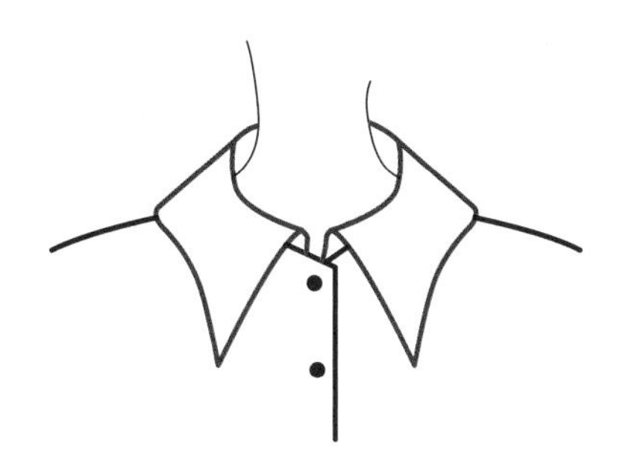

（A）
关门领

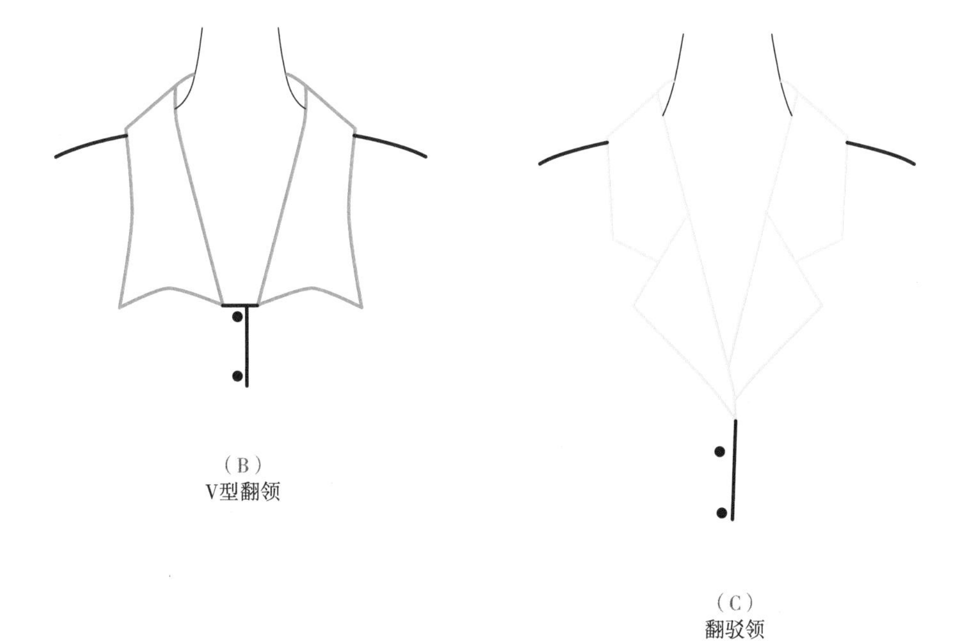

（B）
V型翻领

（C）
翻驳领

不同的翻领

图 4–43

款式结构图

在款式结构图上，要注明必要的信息：

— 领长，从领口至后领中线的长度（图4–44，蓝线）。

— 翻领宽，包括领面宽和领座高（图4–44，橘线）。

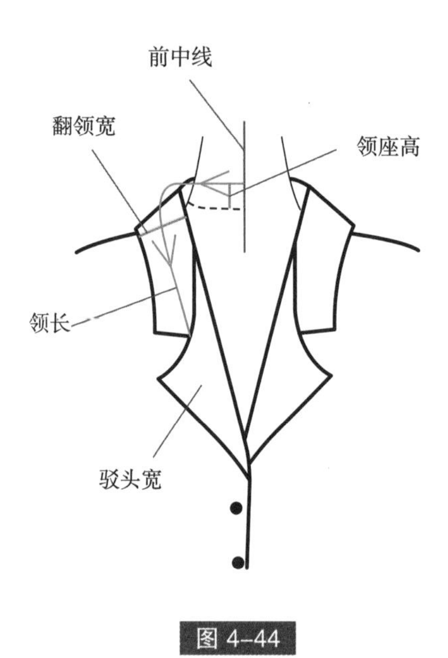

图 4–44

裁布计划

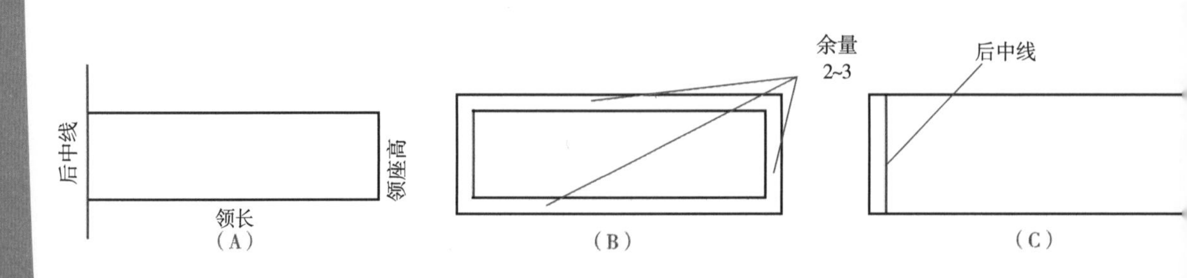

翻领裁布计划

图 4–45

首先画一条垂直线（后中线）， 按照结构图4–45（A）上所示的领长和领座高画出长方形。

图4–45（B）在框定的长方形四边加上2~3cm的余量。

图4–45（C）在坯布上重画出加了余量的长方形，注意领子的后中线要始终保持垂直。

立裁步骤

准备带驳领的前片、后片（图4–46）。驳领与挂面是分开的，做法请参见第75页。

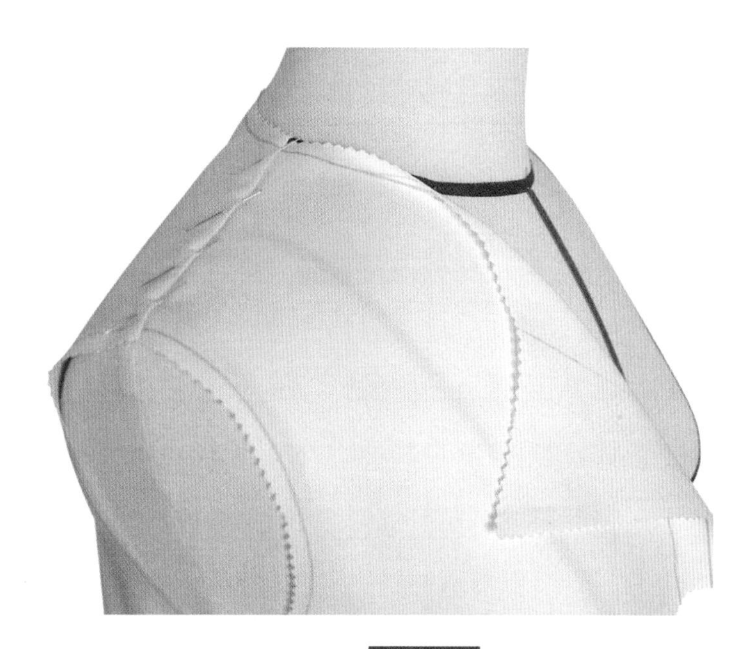

图 4–46

将衣片覆于人体模型上，注意背中线和领后中线在同一条直线上。先用大头针固定后领口，留1~2cm的缝份。

第二根大头针距离第一根约为3cm，定出了领座的高度（图4-47）。一般来说，领座高度在2~4cm最合适。

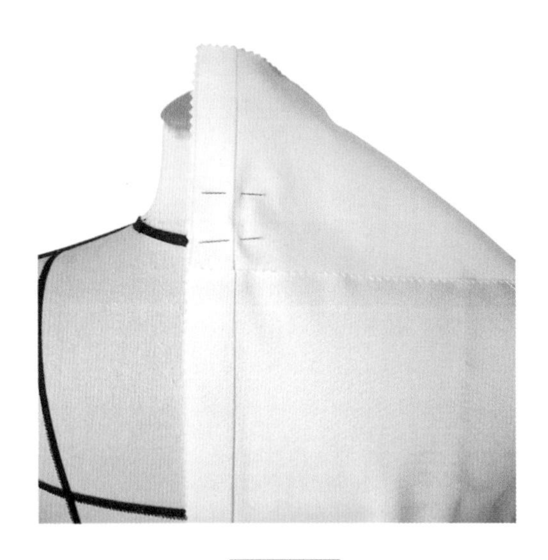

图 4-47

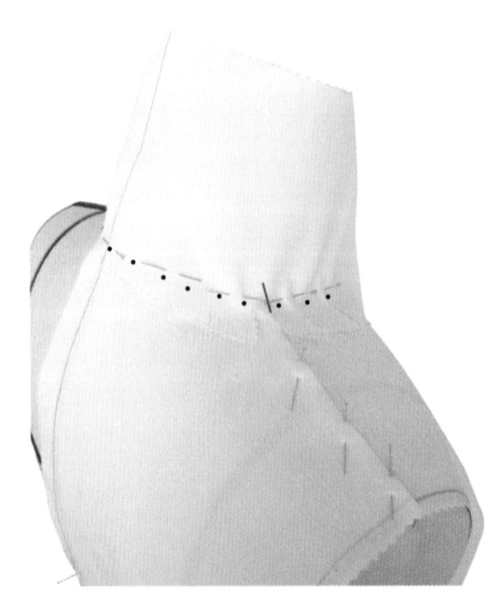

将领子竖直，在领口缝合处打剪口，使领子能很好地贴合颈部。

用大头针将领与衣片拼合（从后领至前片领驳头处）。注意在拼合时，留出一定的松量，因为领口是弧线，所以容易被拉长（图4-48）。

描出领口，并在弧线上标明肩线的位置，这对于缝合领子非常重要。

图 4-48

按照领座的高度向下翻折领面。

在前衣片上，领折线与驳头翻折线是连在一起的。

抚平领子，确定没有鼓包或褶皱。

然后，画出所要的领面形状（图4–49）

将衣片从人体模型上取下，放平（图4–50），用曲线板画出完整的领子。

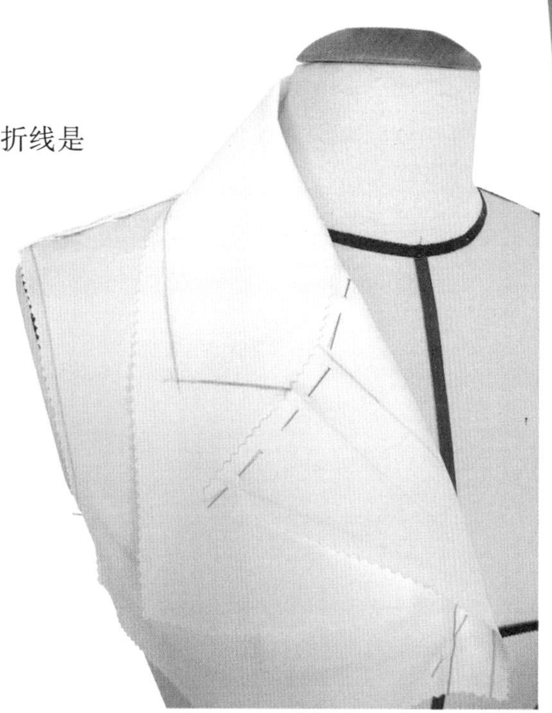

图 4–49

图 4–50

在完成的领样板四边加上1~2cm的缝份，然后剪下。领后中线不需要加缝份，因为它是对折线，需要对称画出领子的另一半。这也就是为什么后领中线必须保持直丝缕。

我们可以看到完成后的翻驳领（图4-51）。所有此类领型都是用同样的方法，按照同样的步骤制作的。

图 4-51

衣片样板

从人体模型上将衣片取下，并拿掉所有的大头针。如有必要，低温熨烫。

用直尺和曲线板，沿着所描的点，在布片上画出完整的衣片样板。

在净样板的基础上，四边加上适当的缝份余量，然后剪下（图4-52）。

建议大家用透明拷贝纸，将衣片样板复制到样板纸上。事实上，纸样板更加容易保存，而且没有样板变形的风险。

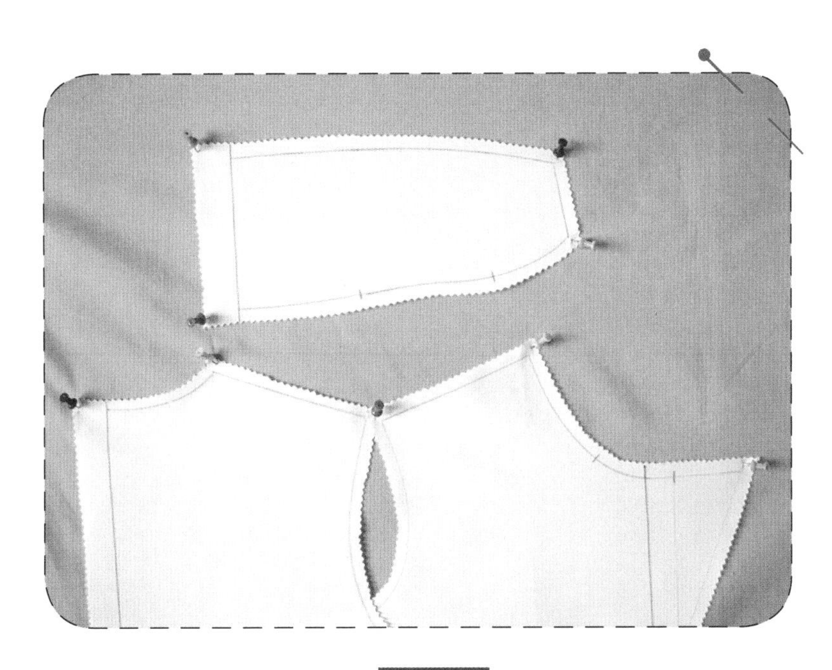

图 4-52

五、衣袖

一般来说，在用立裁方式做袖子时，需要先用布做一个手臂，连接在人体模型上，这样能使肩部看起来更加自然。

但在使用手臂之前，要先学习如何在袖窿上定位袖子，并且按照大身上的结构线来标记袖子上的结构线。

因此在本书中，介绍的是不需要用到手臂的简单袖型。本章着重说明的是袖山头部位以及一些基础款式的操作方法，为我们将来制作复杂的袖子打好基础。

概述

用立裁方法做袖子，无一例外，都必须将整个袖子做出。因为袖后片与袖前片的宽度不一样。同时，前片和后片袖窿的弧度也不相同（图5–1）。

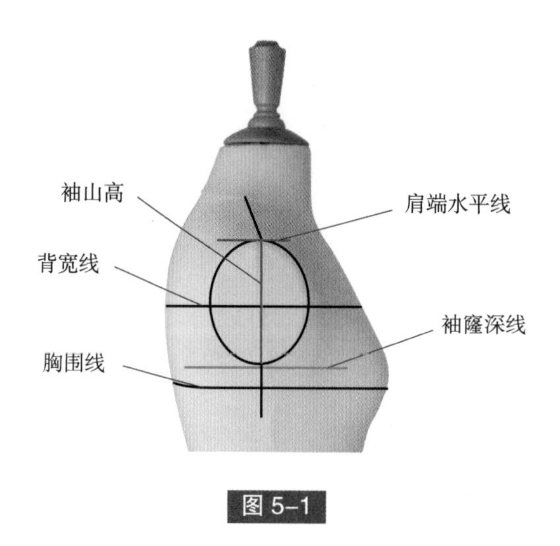

图 5–1

注意：

不要将袖窿深线与胸围线混淆。

为了准备立裁用坯布，有一条辅助线必须标明： 袖窿深线（图5–1，蓝线）。这条线可以让我们知道，袖底的位置和袖山的高度。

注意，不要混淆袖窿深线与胸围线。胸围线的位置由胸高点决定。无论宽松外套还是紧身连衣裙，胸围线的位置是一样的。相反，袖窿深线的位置取决于款式的需求。制作外套时，袖窿线要下降2~3cm，视舒适度而定。但制作紧身连衣裙时，则要将袖窿深线上抬1~2cm。

总而言之，为了使袖子与袖窿弧线能很好地吻合，我们要对齐袖子和衣身的主要结构线。

画袖山时，以人体模型的袖窿深标线为基准线。

在袖窿上标出袖子的宽度。后袖肥等于$\frac{3}{4}$后袖窿弧长，前袖肥等于$\frac{3}{4}$前袖窿弧长。我们要给出足够的松量，使袖子穿起来比较舒服。因此，在量出的净臂围尺寸上加3~4cm，以得到袖肥尺寸。

从袖中线算起（图5–2，红线），定出袖肥。前后袖肥的尺寸是不同的。一般来说，后袖肥比前袖肥大1~1.5cm。

为了让衣服的肩部看起来自然，我们会在净袖山高的基础上，增加2~3cm 宽松量。这个宽松量称为吃势。根据款式需求，袖山的造型可以多种多样：打裥、碎褶……

然后，在袖山高点水平线上量出4~6cm，用于画袖山弧线。

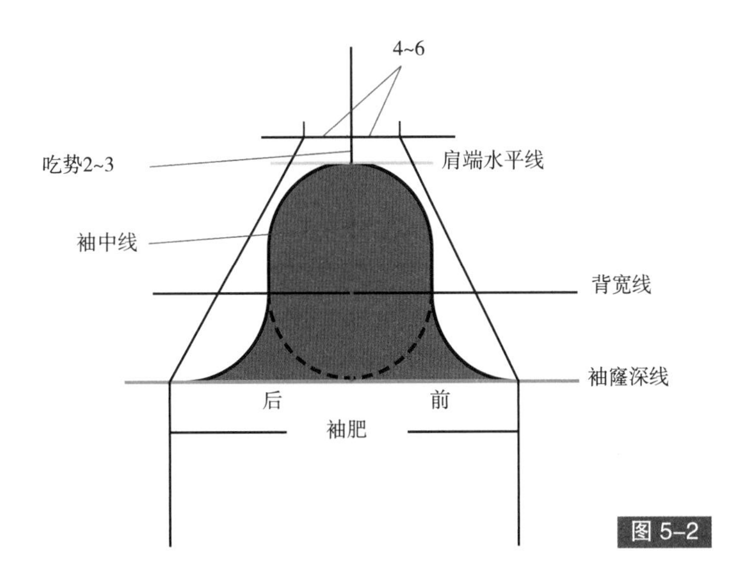

图 5–2

注意

如果后袖肥和前袖肥一样，缝合后袖子就不会很好地顺着手臂。

在框定的梯形基础上，四边加出2~3cm的余量。

标注主要结构线（图5-3）：背宽线（黑线）、袖窿深线（黑线）、袖中线（红色）。这些结构线对于袖子完成的好坏，至关重要。

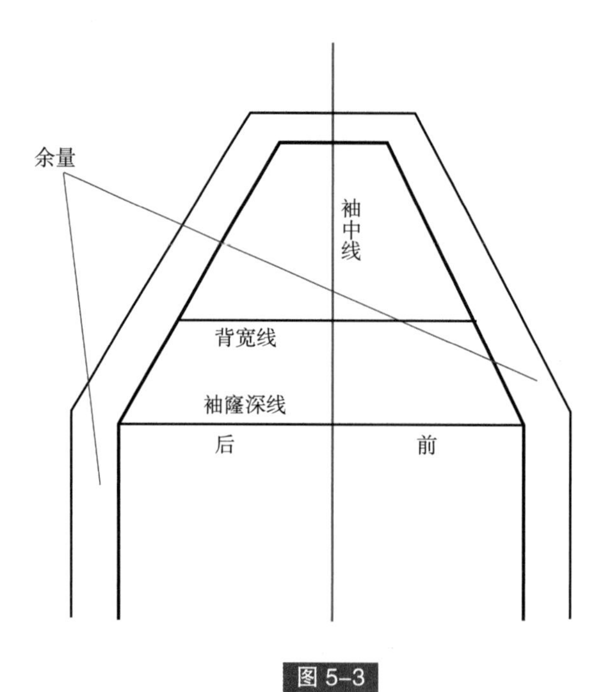

图 5-3

直袖

款式结构图

写明必要的尺寸：袖长、袖肥（臂围）和袖口宽（手腕围度）。袖口尺寸需要加上活动松量，否则穿起来不舒服。如果袖口开衩，需要在款式图（图5-4）上画出来。

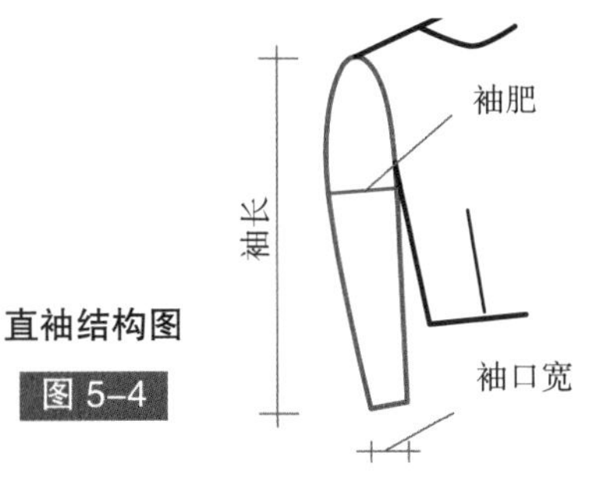

直袖结构图

图 5-4

裁布计划

如图5-5所示，在布上画出垂直的袖中线。然后，对应人体模型的标线，画出水平结构线：袖窿深线、背宽线和肩端水平线。

在肩线以上1~2cm的位置，画一条平行线，这是为了加高袖山。在这条水平线上，以袖中线为中点，左右各量出3cm，共计6cm。然后在袖窿深线上定出袖肥。

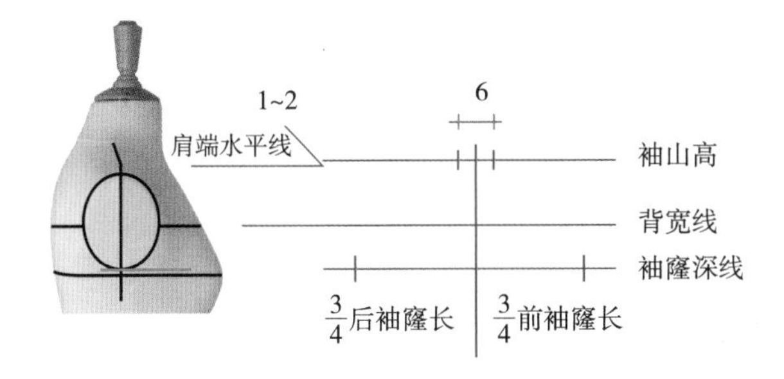

袖山裁布计划

图 5-5

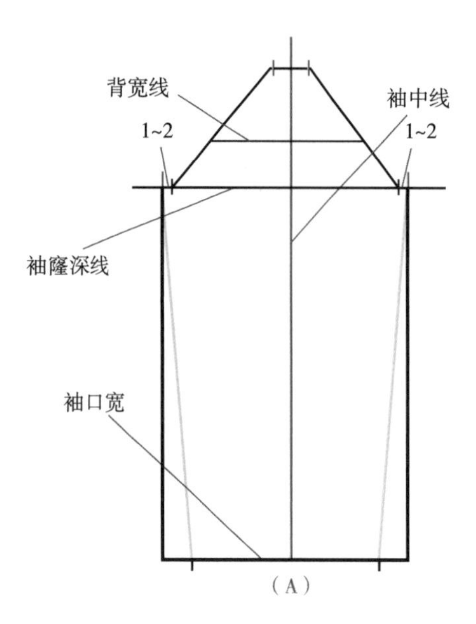

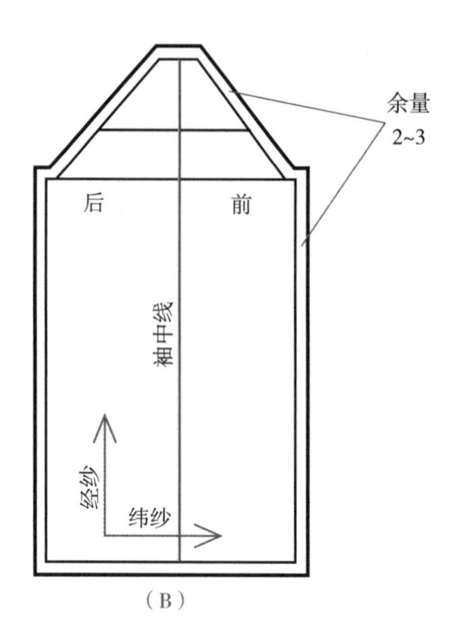

袖子裁布计划

图 5–6

图5–6（A），在定出的袖肥基础上，左右各加1~2cm，这是为了给袖窿一定的松量。 将定出的点连成梯形，稍候要画袖山。然后，从袖中线最高点向下量出袖长。最后，定出袖口宽。黑色表示直袖，绿色表示窄袖。

图5–6（B），在坯布上画出完整的袖子， 然后四边加上2~3cm的缝份余量。

要注意画出主要结构线，这样才能保证成衣后，袖子的形状漂亮。

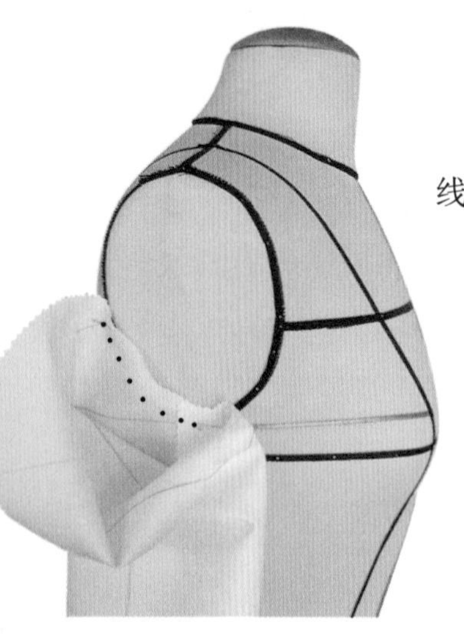

立裁步骤

将准备好的袖片放在人体模型上。注意袖窿线与人体模型上标线吻合，袖片上的背宽线对齐衣片上背宽线。用大头针固定后袖片，并按照人体模型上标线，在袖片上描出后袖窿弧线（图5–7）。

前袖片的做法与后袖片相同。

图 5–7

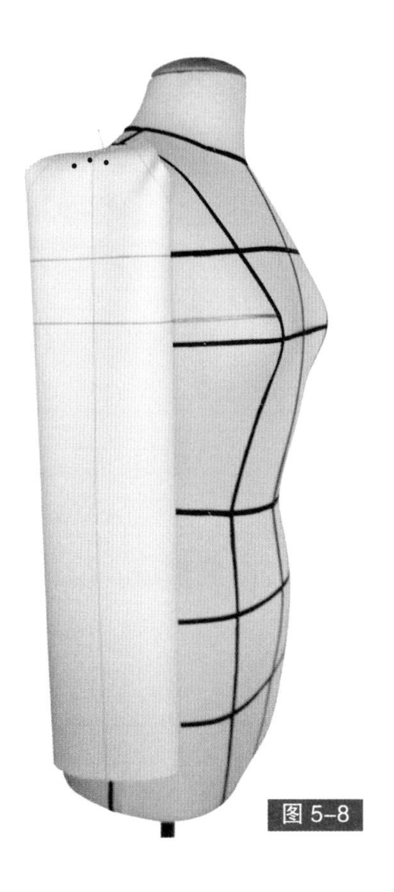

图 5-8

然后，用大头针将袖山固定在人体模型肩部，肩线和袖中线要对齐。这样袖子完成后，袖筒不会有褶皱。

袖山的顶端，用点描出约2cm的宽度（图5-8）。

将袖片从人体模型上取下、放平（图5-9），如有必要，低温熨烫。

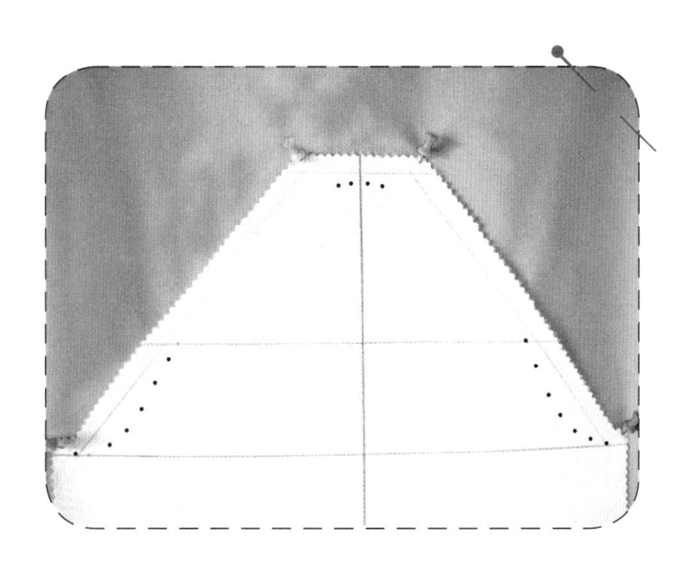

图 5-9

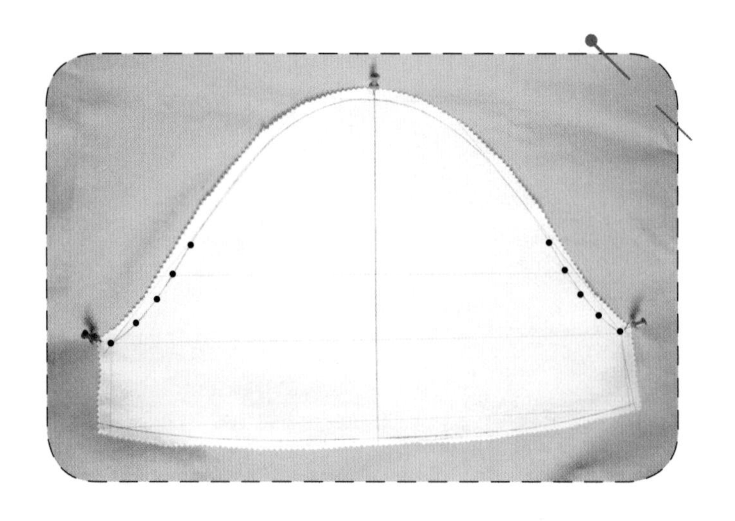

图 5-10

沿着描点，用曲线板将袖山画圆顺，加上1cm的缝份后，剪下（图5-10）。

缝合袖片与袖窿。首先，检查袖片上所画的结构线是否与衣身上对应的部位对齐，然后将衣身翻到反面，从袖窿底开始与袖片缝合。大头针要别在衣服的反面。对齐袖片和衣身上所画的背宽线后，别第二、第三根大头针。再对齐袖中线与衣身肩线，用第四根大头针固定（图5-11）。

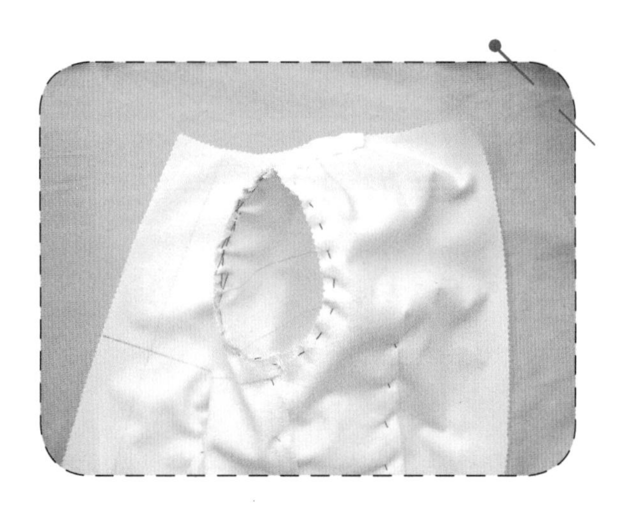

图 5-11

完成之后，要确保背宽线和袖窿线缝合平整，没有鼓包或者褶皱。为了让袖子下垂时更加自然，需要在袖山处加上一定的松量（吃势）。

袖子与衣身缝合后，将完整的衣片穿在人体模型上，缝合袖筒，确定所需的袖长（图5–12）。

这样，袖子的制作就完成了。这里所介绍的缝合技巧，适用于所有绱袖的款式。

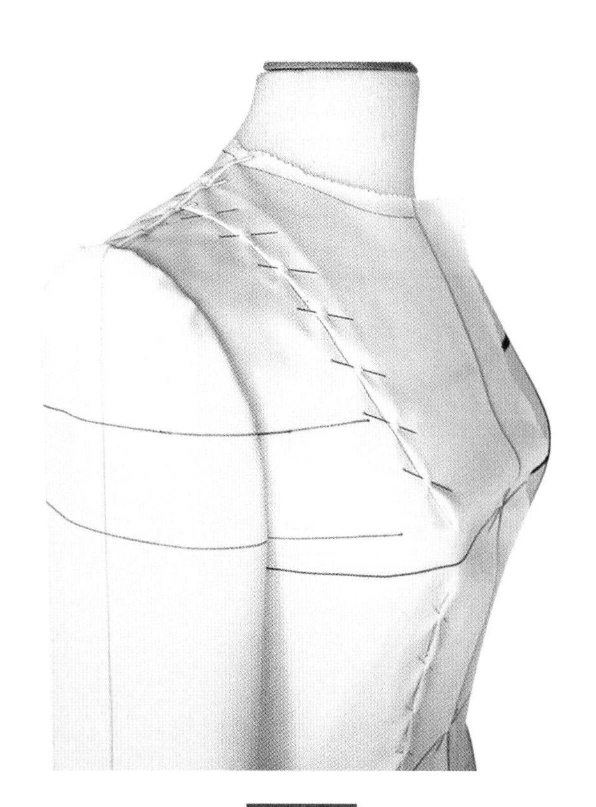

图 5–12

泡泡袖

款式结构图

在泡泡袖款式结构图（图5-13）上，注明必要的尺寸：袖长（包括袖克夫在内）、袖口宽和袖克夫宽。袖克夫处有抽褶。

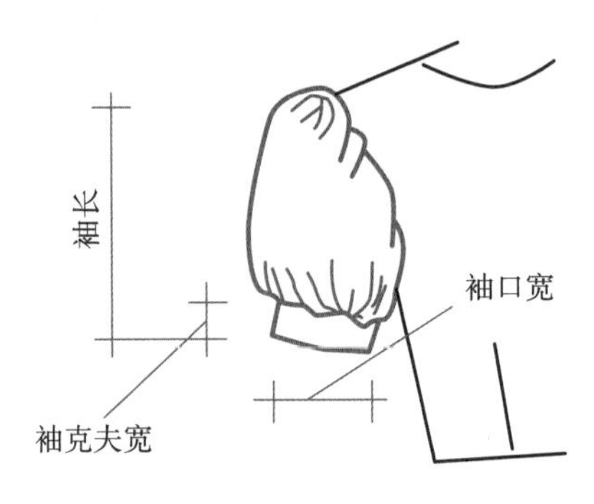

泡泡袖款式结构图

图 5-13

裁布计划

如图 5-14 所示，用红色在坯布上画出垂直的袖中线，然后，对应人体模型上的标线，画出水平的结构线：袖窿深线、背宽线和肩端水平线。

在肩端水平线以上约4cm的位置，画一条平行线，这是为了加高袖山。相应地，背宽线也要上抬0.5~1cm。

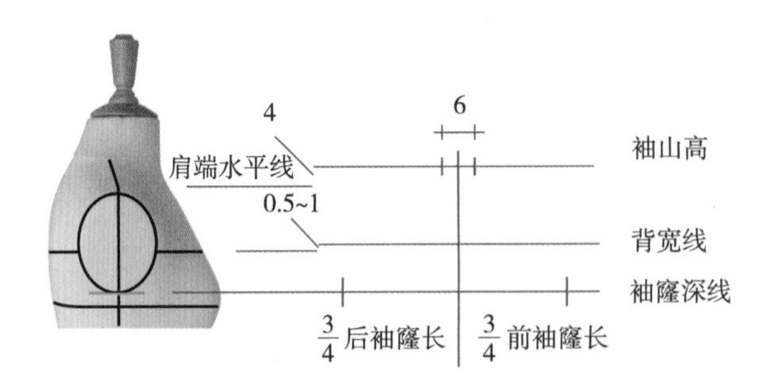

袖山裁布计划

图 5-14

在新的袖山高线上，以袖中线为中线，左右各量出3cm，共计6cm。然后确定袖肥。

图5-15，定出袖长、袖肥基础线。泡泡袖在袖山和袖口处都有抽褶，因此，要给出足够的松量，以得到理想的褶裥。要取得足够的褶量，有一个非常简单的方法，可以知道所留的松量是否足够。取一条15cm长的布带，在上面缝一条线。用手拉缝线的一端，抽起布带，得到理想的抽碎褶效果，然后量出褶量为8cm。

那么，要想得到32cm的最终袖肥抽褶效果，最初的尺寸应设为60cm。

在这个袖口宽度上再加1~2cm的松量，以便缝合时不会牵拉袖窿弧线。

袖山高度需要加倍，为12cm。

为了避免在穿着时袖口上缩，要在画袖口时加一点松量：加长袖中线约3cm，然后重画袖口线。

图5-16在坯布上画出完整的袖子，然后加上2~3cm的余量。

标明主要结构线：背宽线、袖山弧线和袖中线，这样才能保证成衣后，袖子的形状漂亮。

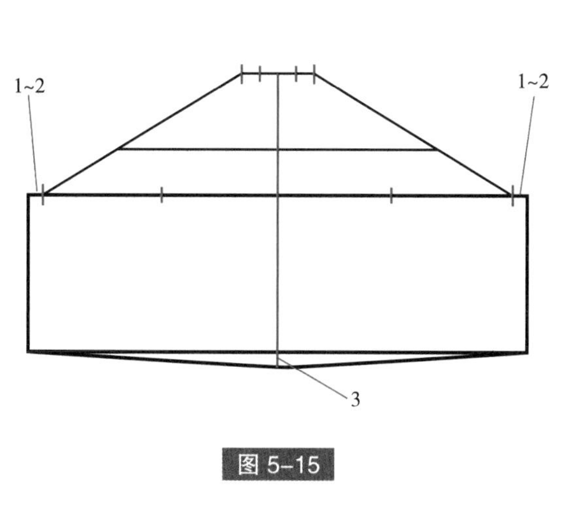

图 5-15

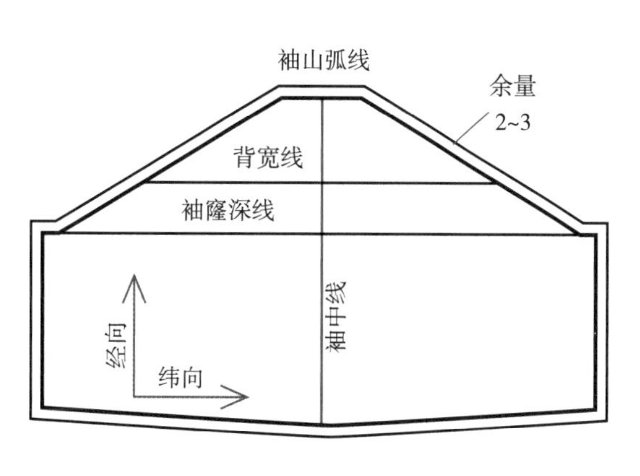

图 5-16

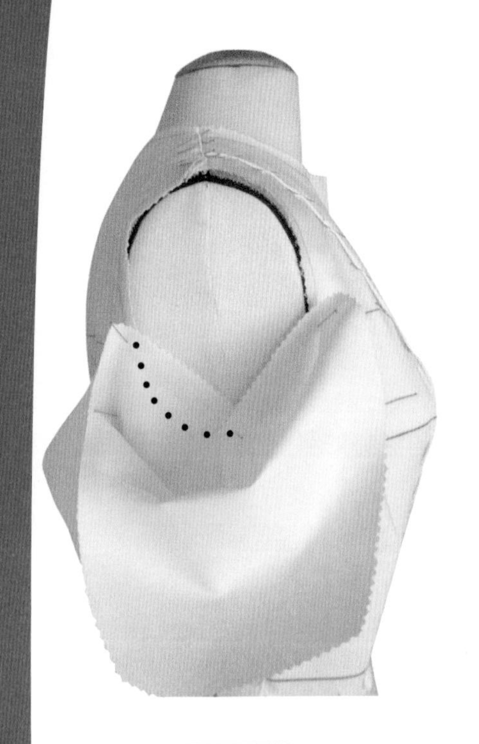

图 5–17

立裁步骤

将准备好的袖片放在人体模型上。注意袖窿线与人体模型上标线吻合（图5-17，蓝色）。

接着，对齐背宽线，用大头针固定后袖片，并按照人体模型标线在布上描出袖窿弧线。

前袖片的做法与后袖片相同。

将袖片从人体模型上取下、放平，如有必要，低温熨烫。

根据新的袖山高度，用曲线板沿描点画出袖山，加上1cm的缝份，然后沿轮廓线将袖片剪下（图5–18）。

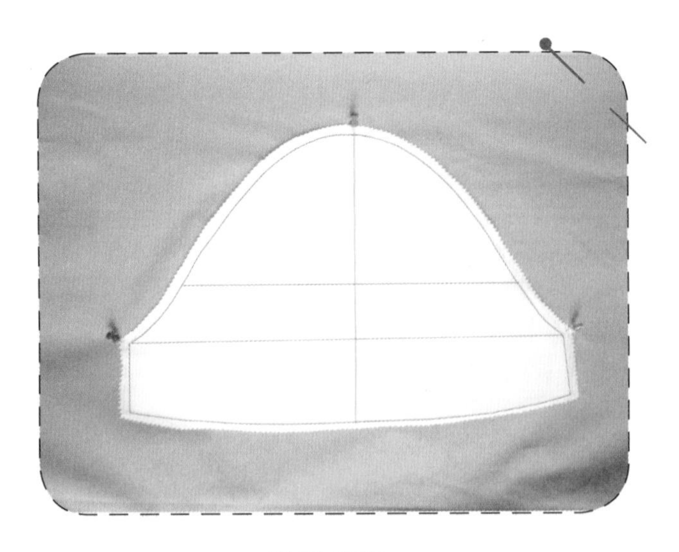

图 5–18

为了在袖山处抽褶，要从如图5-19所示的对位点向下预先留出2~3cm的空间（图5-19）。注意，袖山的褶量分布在背宽线和胸宽线之间。

然后，做袖克夫。根据款式和臂围尺寸，先准备双层的布条，约3cm。然后将袖克夫缝合在袖口上（图5-20）。

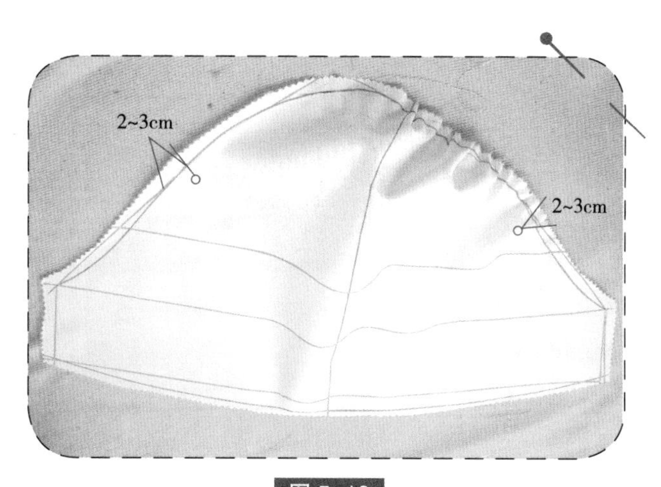

图 5-19

图 5-20

将衣袖固定在袖窿弧线上。

最后，将完整的上衣穿在人体模型上，注意衣片上所画结构线：袖窿深线、背宽线和袖中线，要与人体模型上的标线吻合（图5–21）。

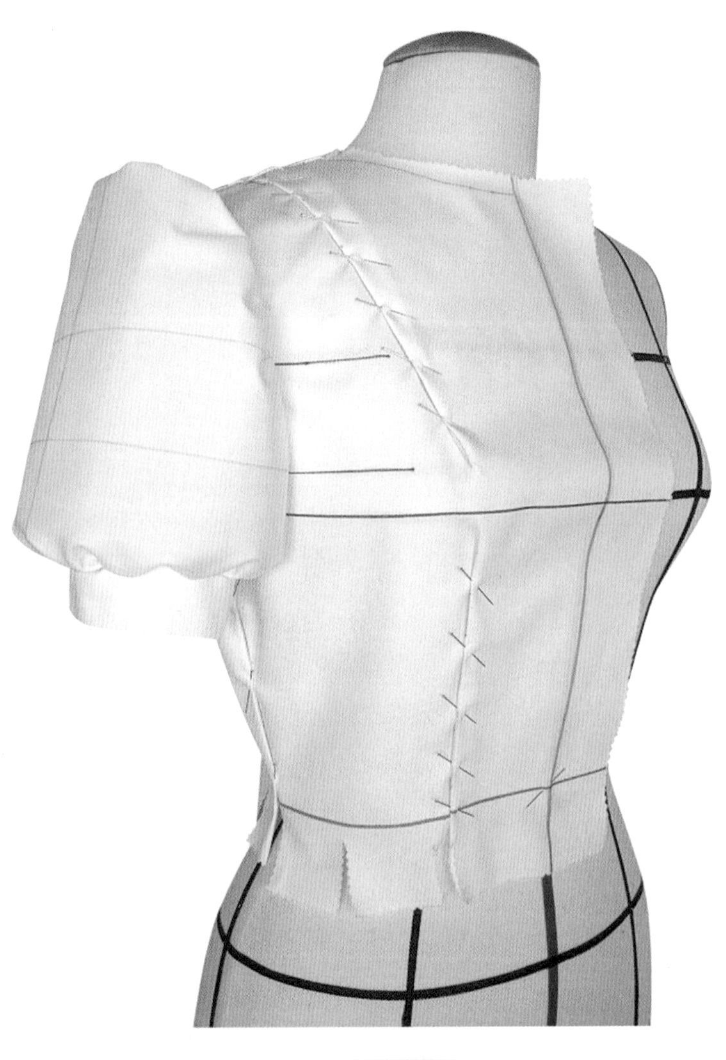

图 5–21

喇叭袖

款式结构图

用立裁方法做喇叭袖，首先要在结构图（图5-22）上注明必要的尺寸：袖长和袖口宽（袖口宽比直袖袖口左右各宽出4cm）。

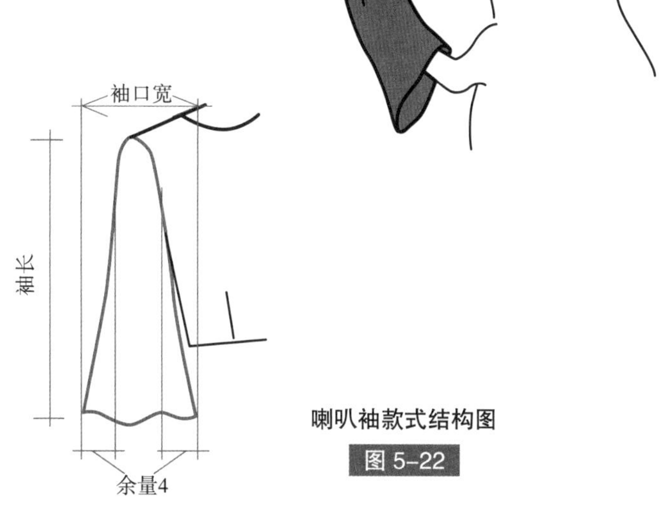

喇叭袖款式结构图

图 5-22

裁布计划

如图5-23所示，在坯布上画出垂直的袖中线（红线），然后对应人体模型上标线，画出水平的结构线：袖窿线、背宽线和肩端水平线。

在袖窿深线上定出袖肥。以袖中线为中线，在袖山顶端左右各量出3cm松量，共计6cm。

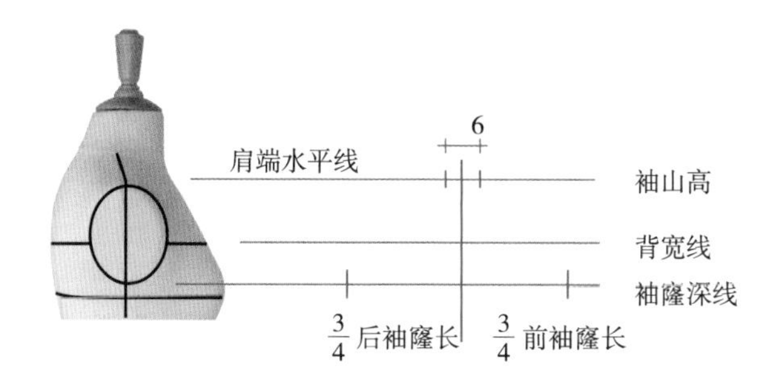

袖山裁布计划

图 5-23

图5-24（A），按前面介绍的步骤，画出袖子轮廓。为了给袖窿弧线一定的松量，要在原定袖宽的基础上，左右各加出1~2cm。然后，从肩点开始，沿袖中线量出袖长，并定出袖口宽。

图5-24（B），在坯布上画出完整的袖子， 然后加上2~3cm的缝份余量。

标明主要结构线：背宽线、袖山弧线、袖中线，这样才能保证成衣后，袖子的形状漂亮。

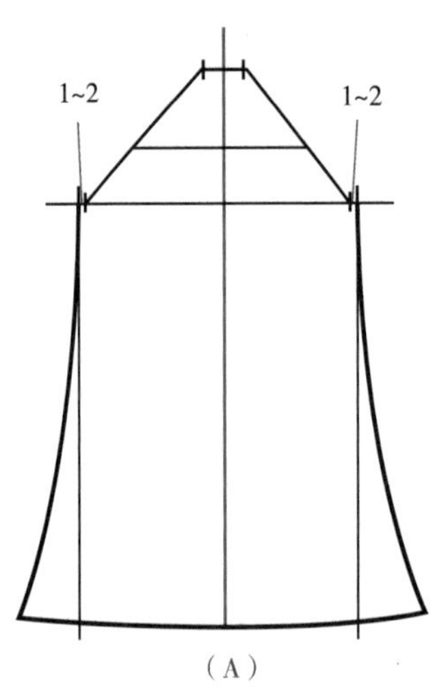

衣袖裁布计划

图 5-24

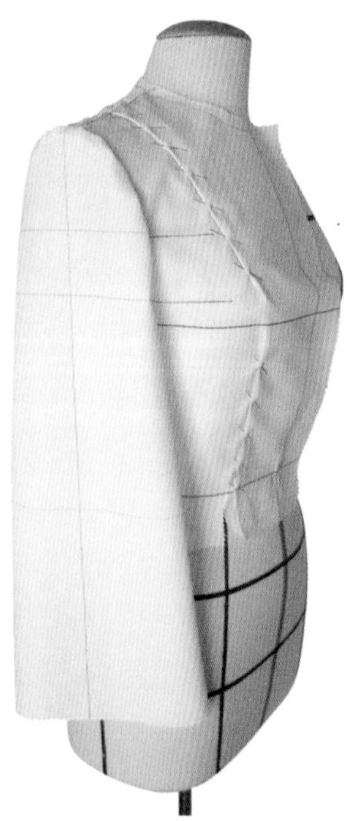

图 5-25

立裁步骤

喇叭袖（图5-25）的立裁步骤与直袖相同。

蝴蝶袖

款式结构图

首先在结构图（图5–26）上注明所需的袖长。

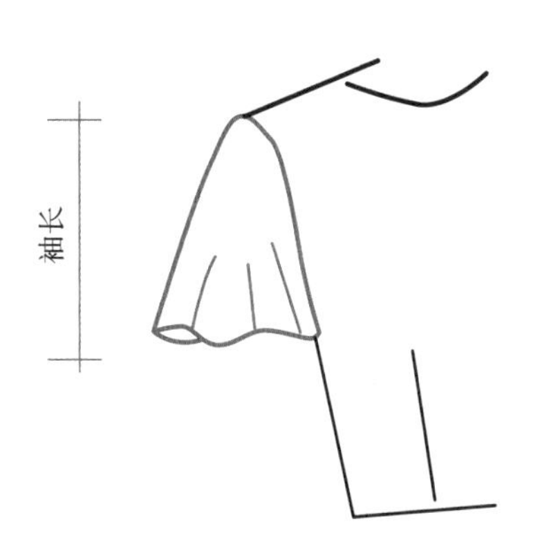

蝴蝶袖款式结构图

图 5–26

裁布计划

如图5–27所示，在坯布上画出垂直的袖中线（红线）。然后，对应人体模型上标线，画出水平的结构线：袖窿深线、背宽线和肩端水平线。

在袖窿深线上量出袖肥。

同时，以袖中线为中线，在袖山顶端左右各量出3cm松量，共计6cm。

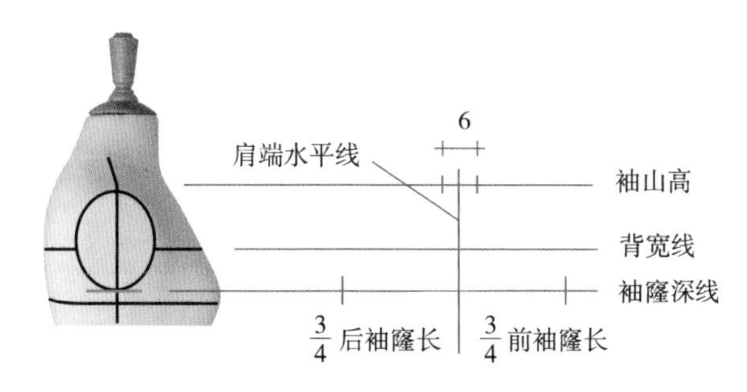

袖山裁布计划

图 5–27

图5–28（A）按前面介绍的步骤，画出袖子轮廓。为了给袖窿弧线一定的松量，要在原定袖肥的基础上，左右各加出1~2cm。然后，从肩端点开始，沿袖中线量出袖长。

图5–28（B）为了加大袖口，同时也确保袖子结构的比例，我们先在另一张纸上画出袖中线（图5–28，红线），然后在袖窿深线和袖口线上，标明袖子需要展开的量，此款为8cm。

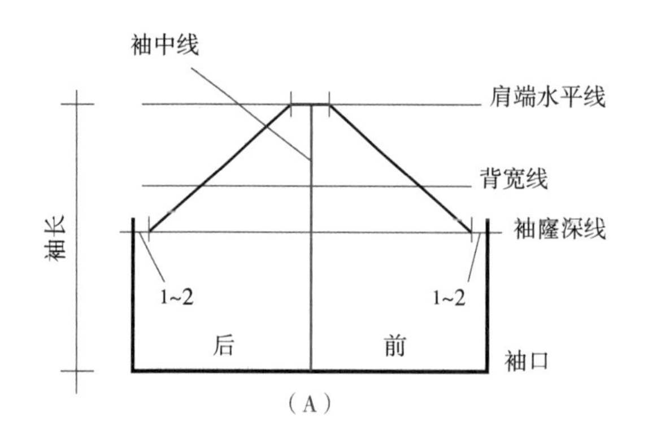

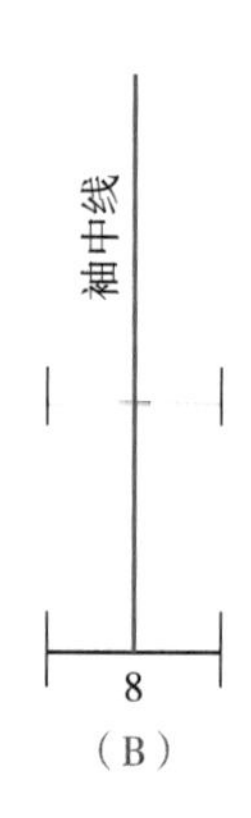

衣袖裁布计划

图 5–28

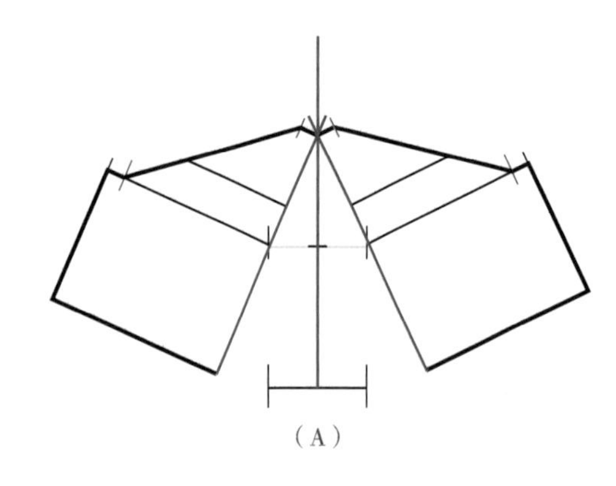

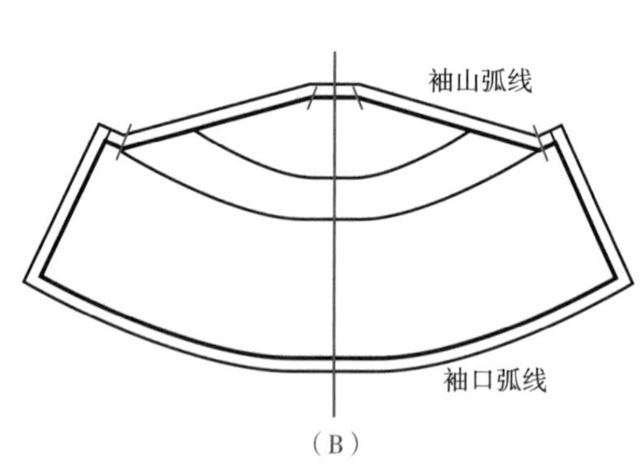

衣袖裁布计划（展开）

图 5–29

图5–29（A），用透明拷贝纸，复制后袖片和前袖片，然后沿袖中线剪开，加上展开量，达到款式要求的效果。

图5–29（B），将袖山弧线和袖口弧线画圆顺，并加上2~3cm的缝份余量。

图5–30，在坯布上画出完整的袖子，并标注背宽线、袖窿深线、袖中线，这样才能保证成衣后袖子的形状漂亮。

如果采用轻薄面料，并斜裁袖片话，效果会更好。注意，款式图上要标明布丝缕的方向。

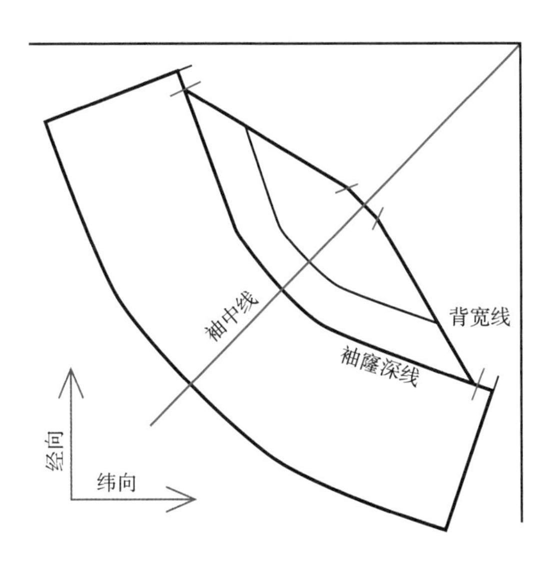

衣袖裁布计划（斜裁）

图 5–30

立裁步骤

首先，将袖片放在人体模型上，坯布上所画的袖窿线与人体模型上标线要吻合。

然后，在背宽线位置用大头针固定袖片，按照人体模型上标线用点描出袖窿弧线（图5-31）。

将袖片从人体模型上取下、放平，如有必要，低温熨烫。

用曲线板根据描点，画出袖山弧线。

在袖子四边加上1cm的缝份，然后剪下（图5-32）。

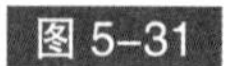
图 5-31

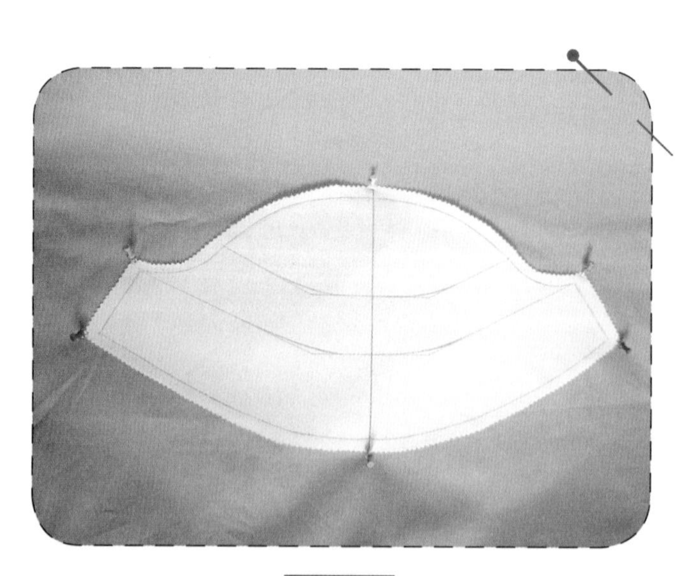
图 5-32

将袖片与衣身袖窿缝合在一起。

最后，将完整的衣片放回人体模型上。注意，袖片上的结构线：袖窿深线、背宽线和袖中线要与衣身的结构线对齐（图 5–33）。

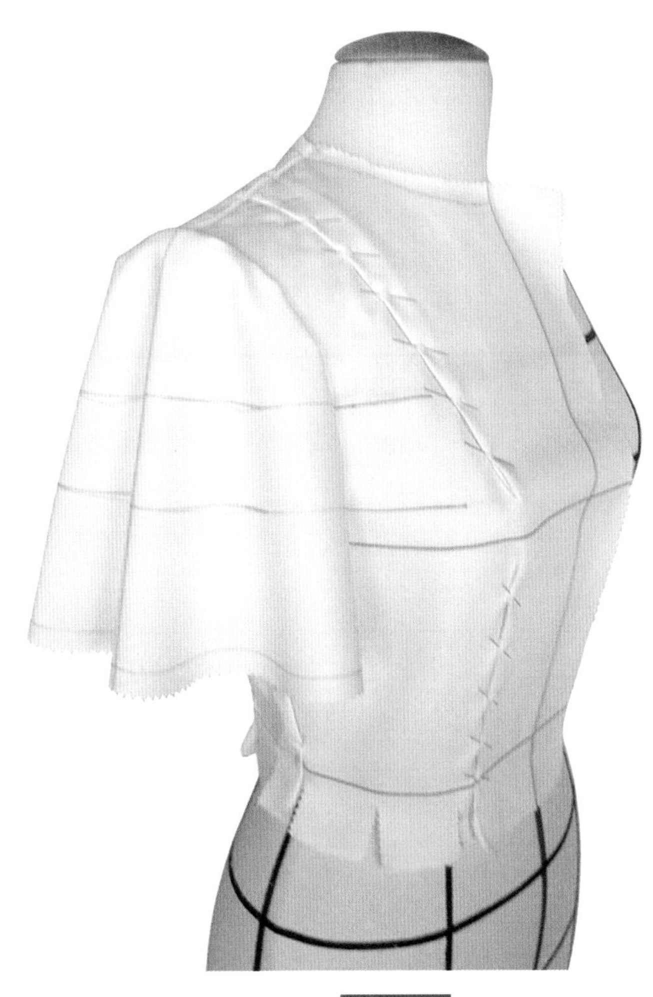

图 5–33

六、裙

本章将介绍裙子立裁的基本技巧。书中选择了最具代表性的几种款式：直裙、A型裙、半圆裙和多片裙……这能为大家在将来制作更复杂的款式提供基础方法。

掌握基本技巧后，需要反复练习，提高运用能力。

裙腰

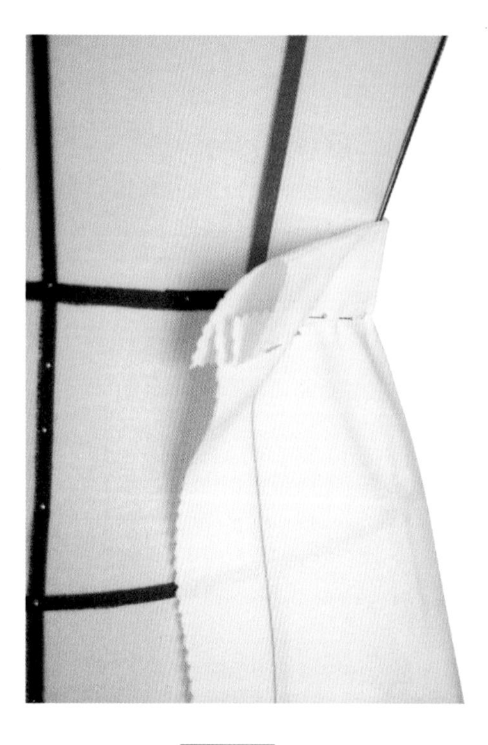

图 6-1

直腰

直腰（图6-1~图6-3）是指裙腰部位的布是直丝绺。

一般来说，直腰头的里和面是连折式的。这是为了避免面料太厚时，缝合部位过厚。通常，需要在裙腰里加贴黏合衬。

为了在穿着时裙腰不会起褶，或是感觉受牵制，宽度一般不应超过髋骨，最多4cm。

为了钉纽扣、按扣或裙钩，裙腰一般比实际腰围长出2cm。

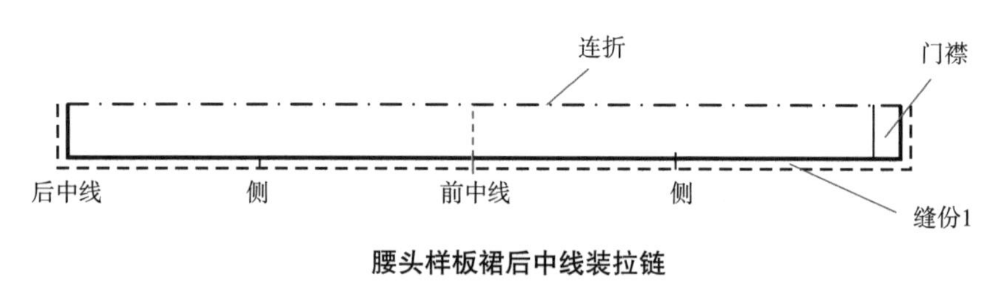

腰头样板裙后中线装拉链

图 6-2

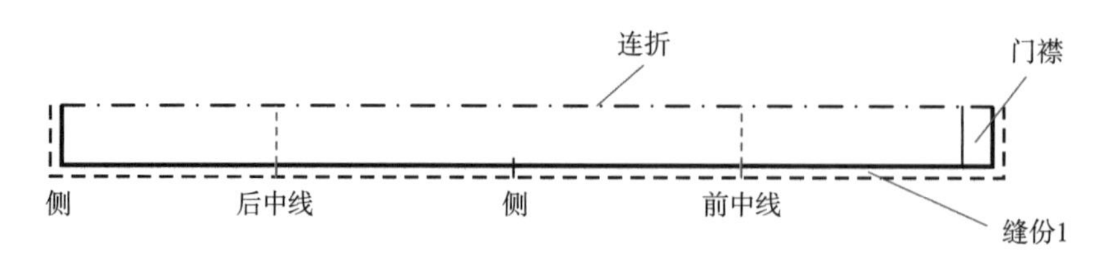

腰头样板裙侧装拉链

图 6-3

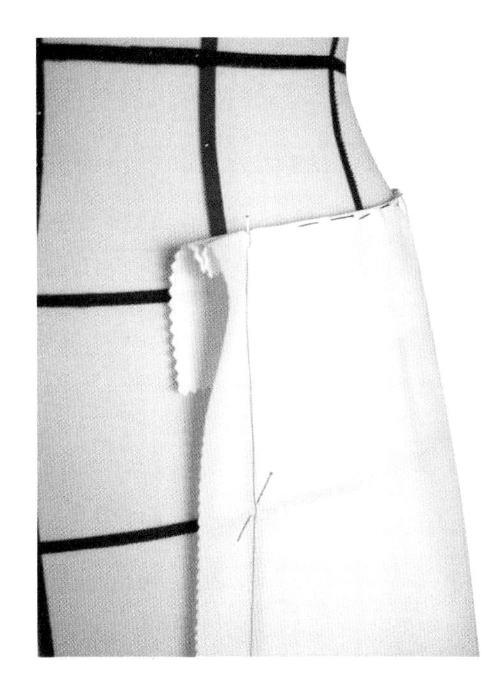

图 6-4

连腰

连腰（图6-4、图6-5）是指裙腰和裙身不分开，在腰头位置加内贴边的一种做法。

贴边的宽度一般在5~10cm，按裙身的腰头处样板剪裁。与腰线缝合后，翻折向裙子反面。

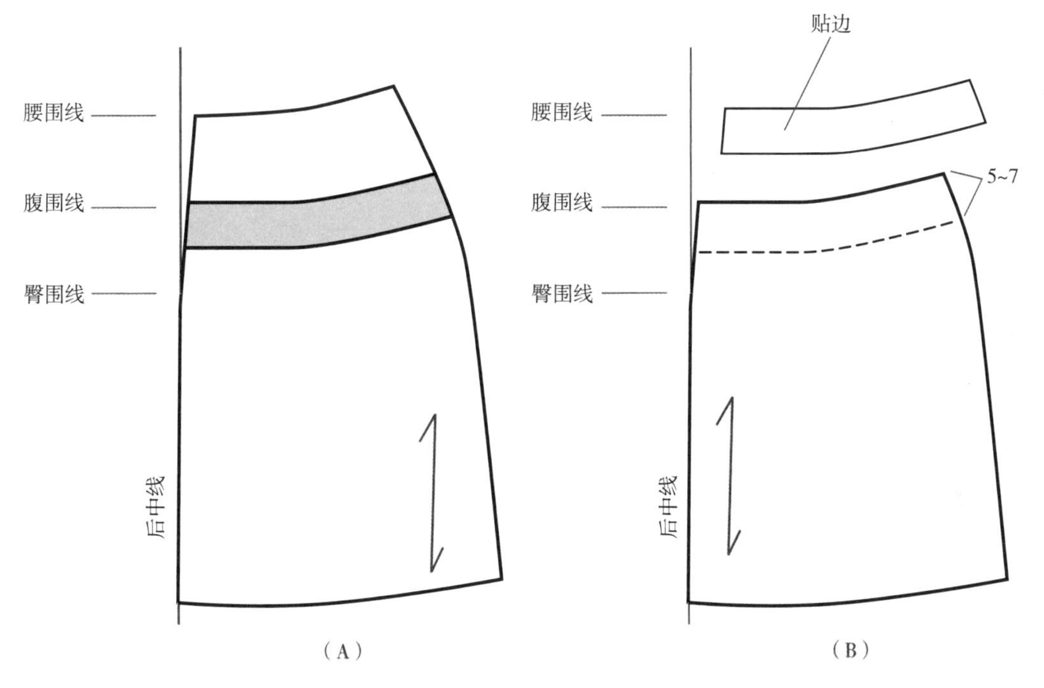

连腰结构

图 6-5

图6-5（A），确定裙腰的位置（一般在腹围线上）。首先，在腰围线上画出正常的裙腰。然后，在腹围线位置画一条与腰围线平行的线。

图6-5（B），定贴边的宽度，至少5~7cm，这样穿着时不会翻出来。距腹围线5~7cm画第二条平行线（虚线）。擦去腹围线以上的部分。

用透明拷贝纸复制裙腰的贴边，加上1cm的缝份。用同样的方法画出前片，裙腰的高度和长度要与后片相同。

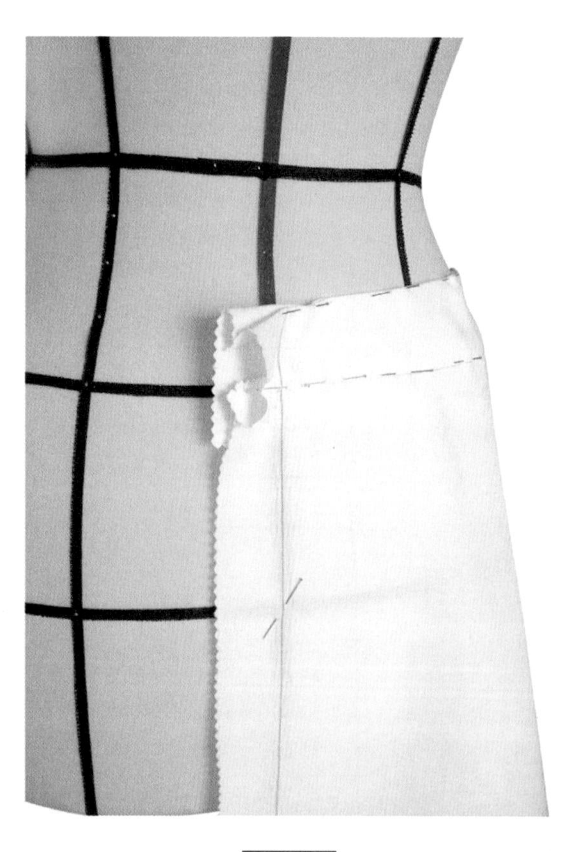

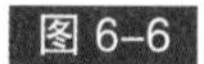

图 6-6

分体式连腰

这种腰头（图6-6、图6-7）常被用于裤装（牛仔裤）或低腰裙。

用裙片或裤片的样板，剪出腰头和贴边。

图6-7（A），确定裙腰的位置（一般在腹围线上）。首先，在腰围线上画出正常的裙腰，然后画两条与腰围线平行的线，一条在腹围线上位置，一条在腹围线下。在这两条平行线之间定出了裙腰的宽度，一般根据款式需要而定，这里定为4cm。

图6-7（B），擦去腹围线以上的部分，然后将裙腰与裙身分开。单独画出裙腰，并加1cm的缝份。

用同样的方法画前片裙腰。注意，裙腰的宽度和长度要与后片相同。

要画贴边，先用透明拷贝纸复制裙腰的形状，然后在底边加上1.5~2cm的缝份（紫色区域），这是为了能盖过裙腰的缝合线。

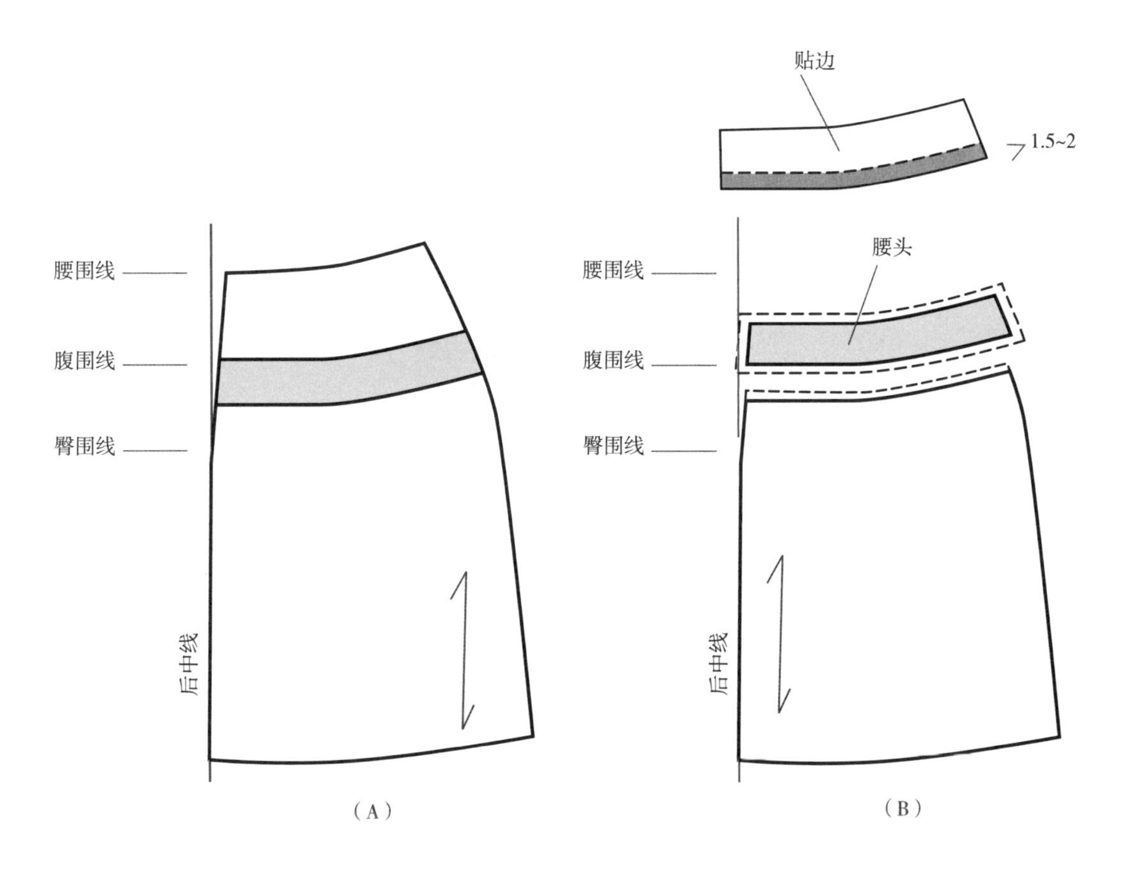

图 6-7

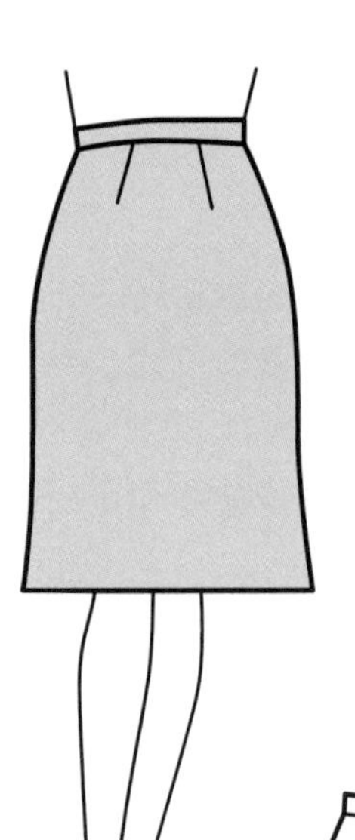

直裙

直裙，只需要做出一半的前片和后片即可。

款式结构图

在结构图（图6-8）上，必须注明裙长和裙宽，然后定裁布计划。要注意，裙子的前片与后片是不同的。

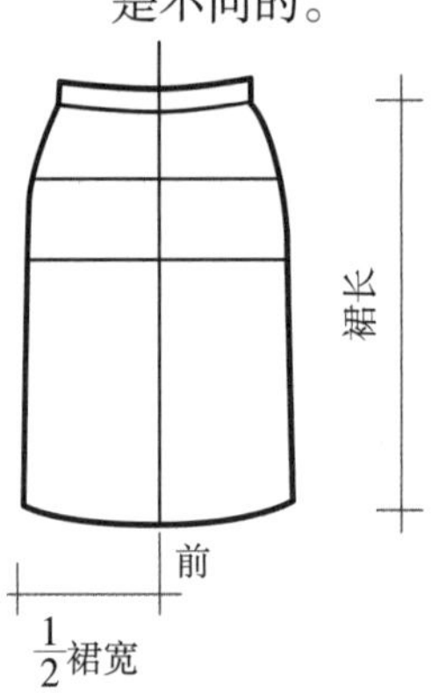

直裙款式结构图

图 6-8

前片裁布计划

图6-9（A），根据所需的裙长和裙宽，在坯布上画出长方形（绿线）。

图6-9（B），在底边和侧边加上1~2cm余量，前中线和上边缘加上3~5cm余量。

图6-9（C），重新画一遍加了余量的长方形，用红色画前中线、黑色画臀围线。用约5cm的短线标出腰头位置。在描完前腰省和侧腰省之后，这条线也会被标示在人体模型上。

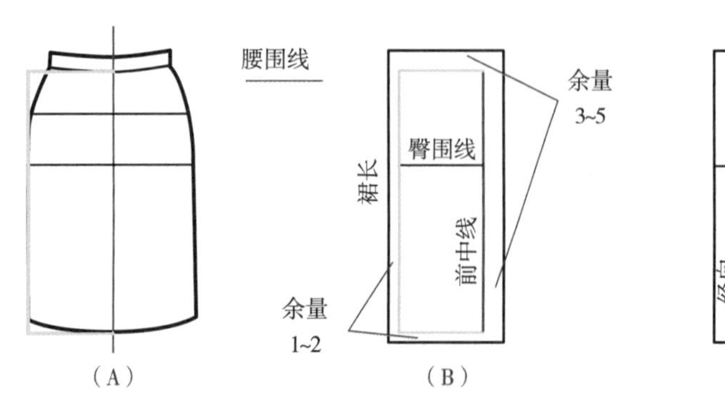

前片裁布计划

图 6-9

后片裁布计划

图6–10（A），根据所需的裙长和裙宽，在坯布上画出做后裙片的长方形（绿线）。

图6–10（B），在底边和侧边加上1~2cm余量，上边缘线和后中线加上3~5cm余量。

图6–10（C），重新画一遍加了余量的长方形，用红色画后中线，黑色画臀围线。用约5cm的短线标出腰头位置。在描完后腰省和侧腰省后，这条线也会被标示在人体模型上。

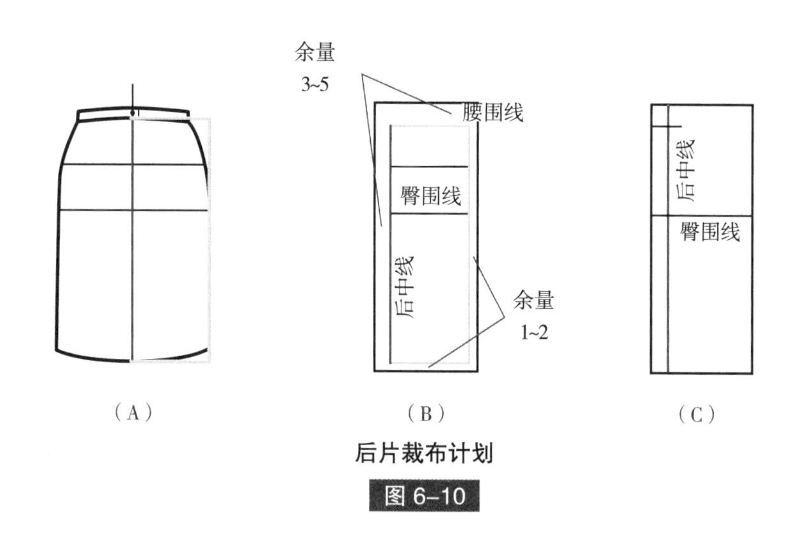

后片裁布计划

图 6–10

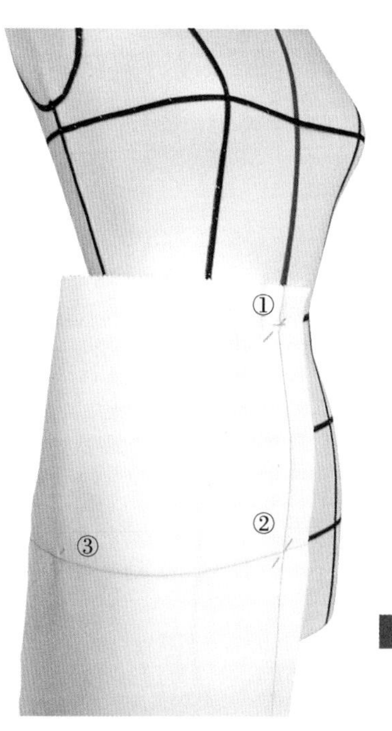

立裁步骤

将前裙片放在人体模型的右半侧，结构线（前中线和臀围线）要与人体模型上的标线吻合。

然后如图所示，用大头针将裙片固定。大头针①别在前中腰线处，②和③分别固定在臀围线上的前中和侧缝位置（图6–11）。

图 6–11

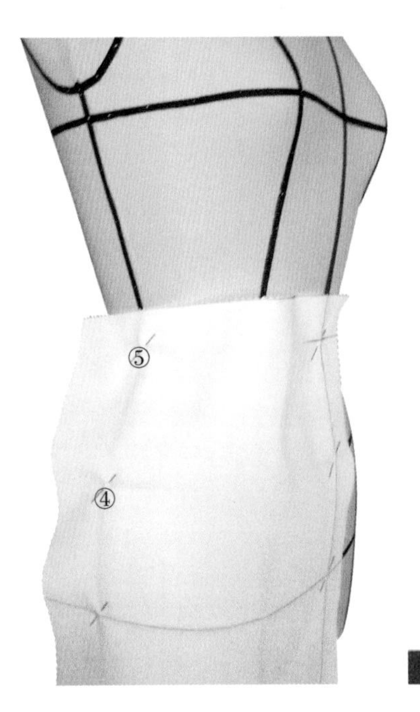

图 6-12

从臀围线开始，沿侧缝向上抚平裙片。用这个方法，侧腰省会自然地出现。在侧缝腹围线上，固定一根大头针④，另一根针⑤固定在腰围线上（图6-12）。

将裙片在腰线位置抚平，确保没有鼓包或者褶皱。如有必要，在腰线上剪开足够深的刀口。

然后，捏出前腰省。腰省的位置必须与人体模型标线吻合。

描出侧缝线、腰围线和腰省（图6-13）。

将前后裙片在臀围线以上拼合，画出臀围线以下垂直的侧缝线。

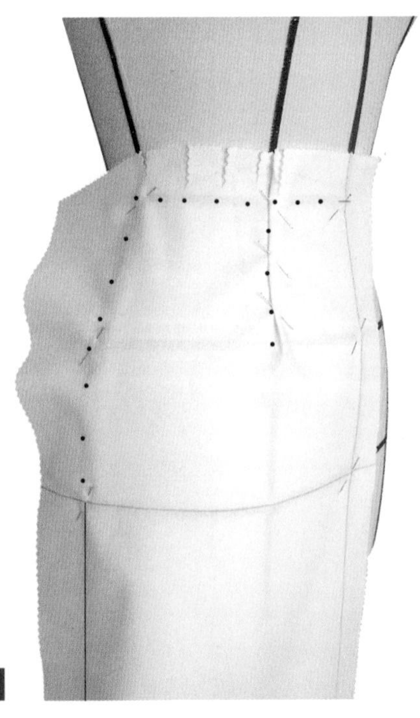

图 6-13

后裙片与前裙片的立裁方法一样。

将后裙片放在人体模型的右半边，结构线（后中线和臀围线）必须与人体模型标线吻合。

如图所示，沿着后中线固定大头针①、②、③，分别在腰围线、腹围线和臀围线的位置。

大头针④固定在臀围线和侧缝线的交点上。

从臀围线开始，沿着侧缝将布向上抚平，然后在腹围线和腰围线上用大头针⑤、⑥固定，这样，后侧省就自然而然地出来了（图6–14）。

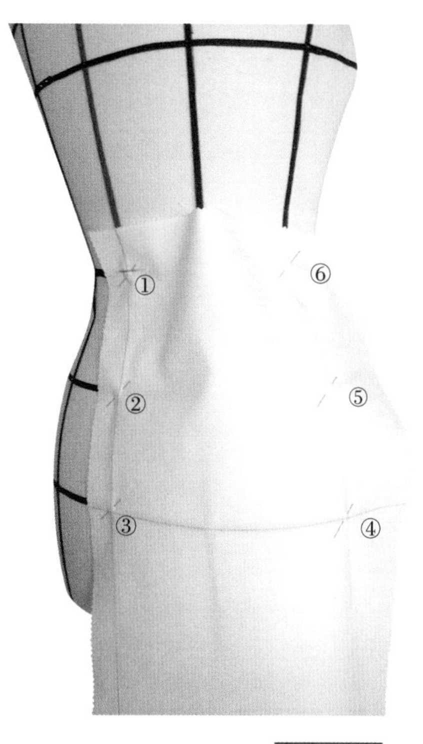

图 6–14

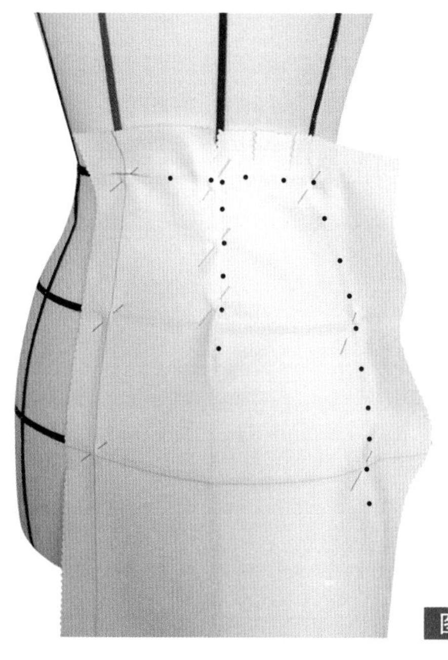

图 6–15

用和前片相同的方式，做出后片省。注意省道位置要与人体模型上标线吻合。然后，用点描出侧缝、腰围线和省道（图6–15）。

将裙片从人体模型上取下，用直尺和曲线板按照描点画出裙片的轮廓线（侧缝、前后腰省）。

画腰围线时，先将收省后的前裙片铺平，然后用曲线板画顺腰线（图6–16）。画后片腰线也是用同样的方法。

图 6–16

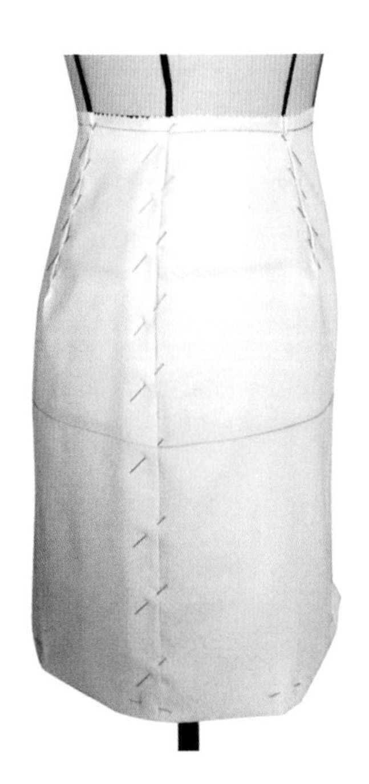

画完所有的线条和省道之后，将前后裙片放在人体模型上拼合在一起，裙片上的结构线要与人体模型标线吻合（臀围线和腰围线），以便检查和调整裙长（图6–17）。

图 6–17

裙片样板

从人体模型上将裙片取下，并拿掉所有的大头针。如有必要，低温熨烫。

在净样板的基础上，四边加上适当的缝份余量，注意腰围线在加了省道之后，形状会有变化。然后沿外轮廓线剪下（图6–18）。

建议使用透明拷贝纸，将裙片样板复制到样板纸上。事实上，纸样板更加容易保存，而且没有样板变形的风险。

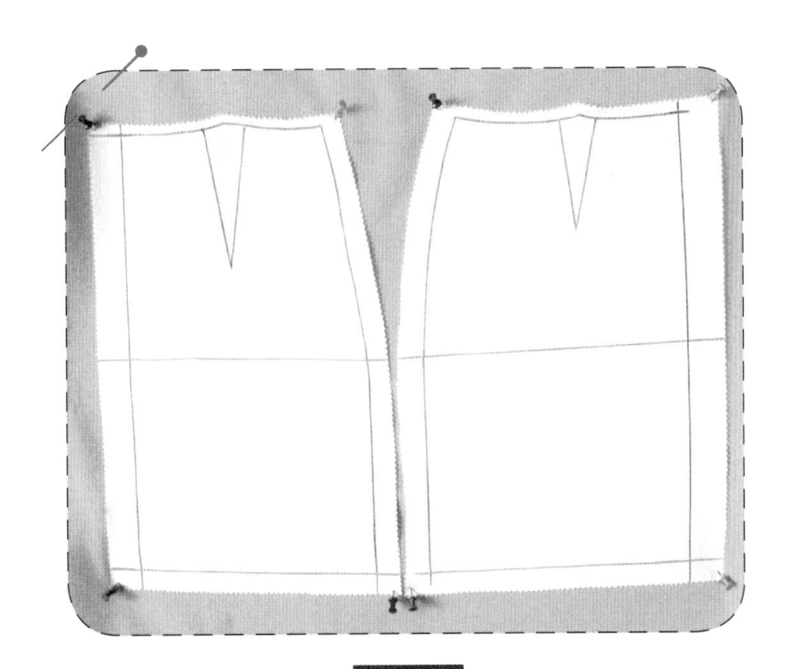

图 6–18

无省A型裙

通过调节腰线，加大裙摆，使裙子呈A型。

款式结构图

在结构图（图6-19）上，注明裙长和裙摆宽，注意前片与后片的裁布是不同的。

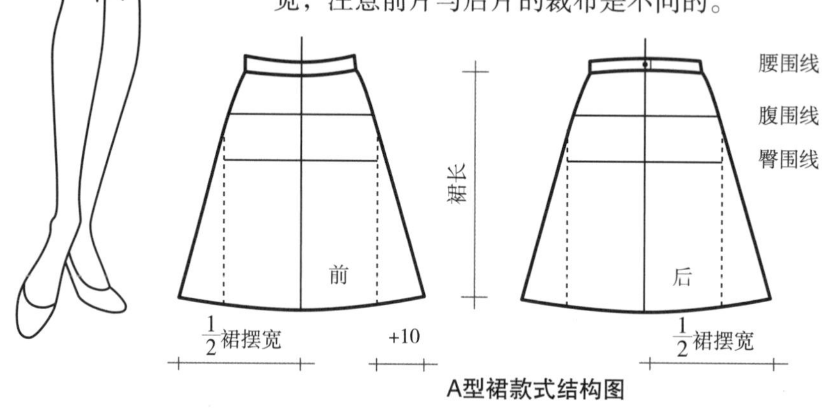

A型裙款式结构图

图 6-19

前片裁布计划

图6-20（A），根据所需的裙长和裙摆宽，在坯布上画出长方形（绿线）。

图6-20（B），在上边缘线加10cm余量，侧边加放5~7cm余量，底边和前中线加放3~5cm余量。

图6-20（C）， 重新画一遍加了余量的长方形，用红色画出前中线， 并用约5cm的短线标出腰的位置。这条线稍后也会被标示在人体模型上。

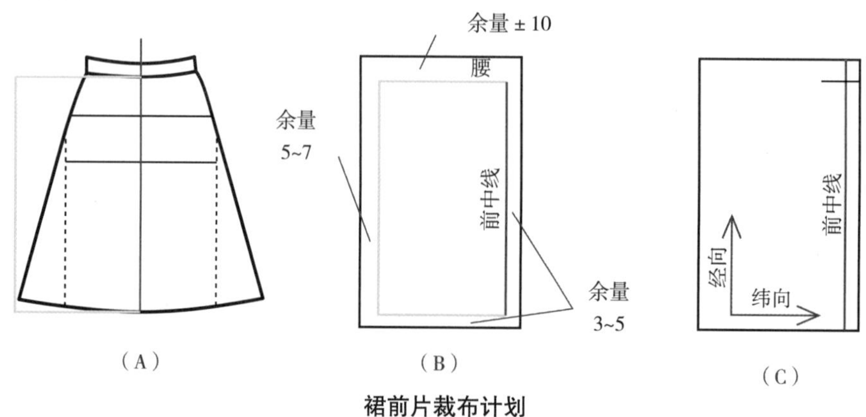

裙前片裁布计划

图 6-20

后片裁布计划

图6–21（A），根据所需的裙长和裙摆宽，在坯布上画出做后裙片的长方形（绿线）。

图6–21（B），在上边缘线加10cm余量，侧边加5~7cm余量，底边和后中线加3~5cm余量。

图6–21（C），重新画一遍加了余量的长方形，用红色画出后中线，并用约5cm的短线标出腰的位置。这条线稍后也会被标示在人体模型上。

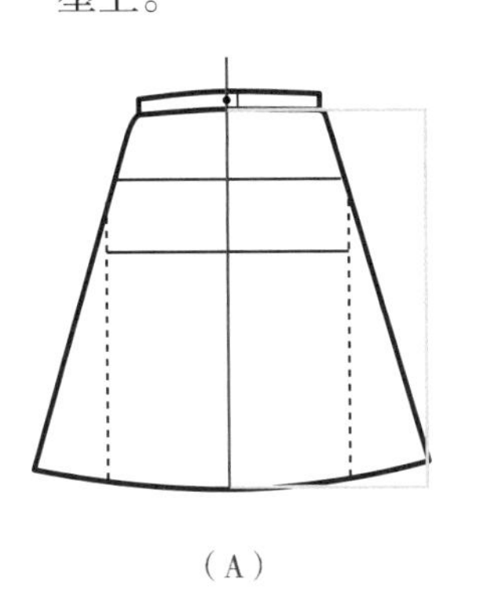
（A）

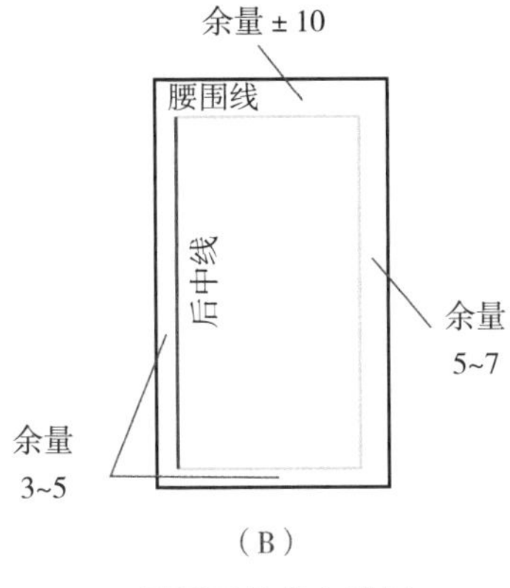

（B）

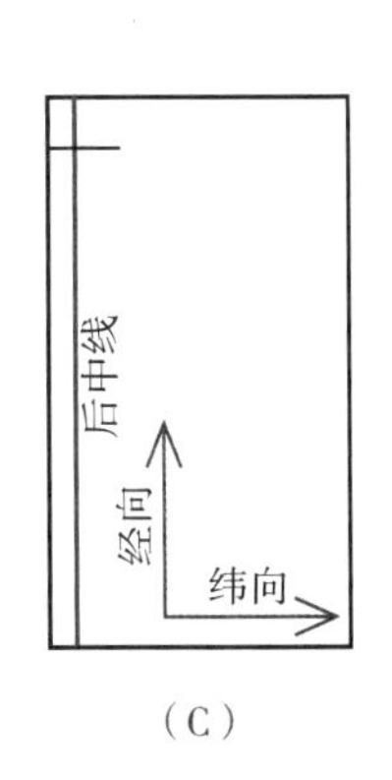

（C）

A型裙后片裁布计划

图 6–21

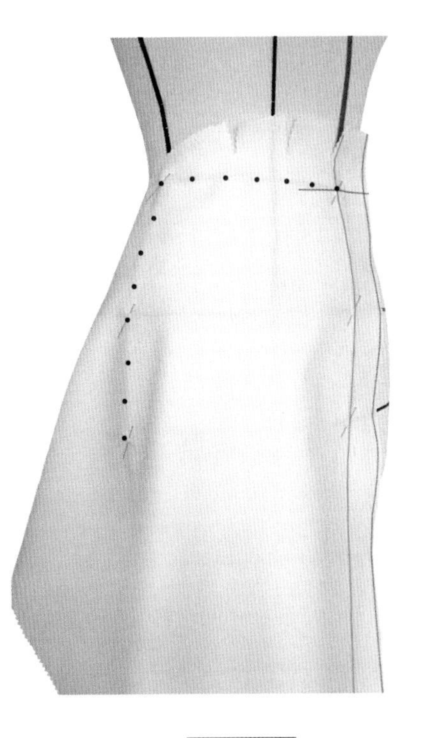

图 6–22

立裁步骤

裙片坯布的前中线要与人体模型标线吻合。

沿着前中线，分别在腰围线、腹围线和臀围线的位置用大头针将裙片固定。

用手捏住裙侧边，轻轻向下拉，使腰围和腹围线之间的裙片平整。这样，腰省的量就被转移到裙子的下摆处。

在侧缝和腰围线的交点上固定大头针。

在腰围线以上，将裙片剪出足够深的刀口，这样裙腰能更好地贴合人体模型，没有鼓包和褶皱。

描出腰围线和臀围线以上的侧缝，然后取下裙片，延长侧缝线，得到所要的裙长（图6–22）。

后裙片与前裙片的立裁方法相同。

将后裙片放在人体模型的右半边，结构线（后中线和臀围线）必须与人体模型标线吻合。

用手捏住裙片侧边轻轻向下拉，使腰围线和腹围线之间的裙片平整，这样，裙子的下摆自然产生了余量。

在侧缝和腰围线的交点上固定大头针。

在腰围线以上，将裙片剪出足够深的刀口，这样裙腰能很好地贴合于人体模型，没有鼓包和褶皱。

用点描出腰围线和臀围线以上的侧缝线，然后取下裙片，延长侧缝线，得到所要的裙长（图6-23）。

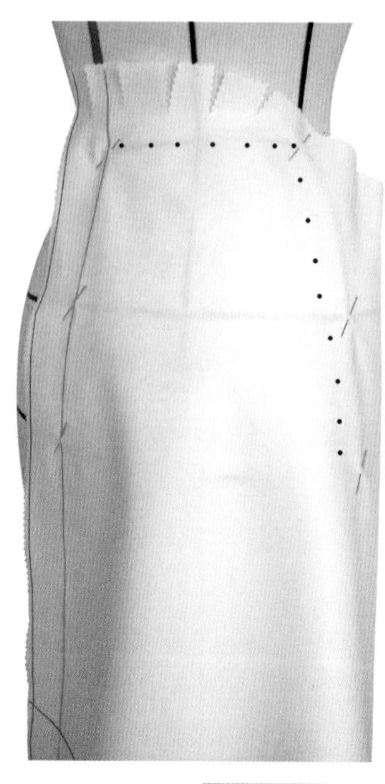

图 6-23

按照描点，画出前后裙片。然后将两片拼合，放在人体模型上，注意裙片上所画前中线、后中线、腰围线要与人体模型的标线吻合，这样可以检查和调整裙长。

为了确保裙长一致，可以用直尺、木棍，或者将人体模型靠墙放，绕轴芯转动人体模型，观察裙摆一圈的高度是否一致，然后用大头针别起（图6-24）。

图 6-24

裙片样板

从人体模型上将裙片取下，并拿掉所有的大头针。如有必要，低温熨烫。

在净样板的基础上，四边加上适当的缝份余量，然后沿外轮廓线剪下（图6–25）。

建议大家用透明拷贝纸，将裙片样板复制到样板纸上。事实上，纸样板更加容易保存，而且没有样板变形的风险。

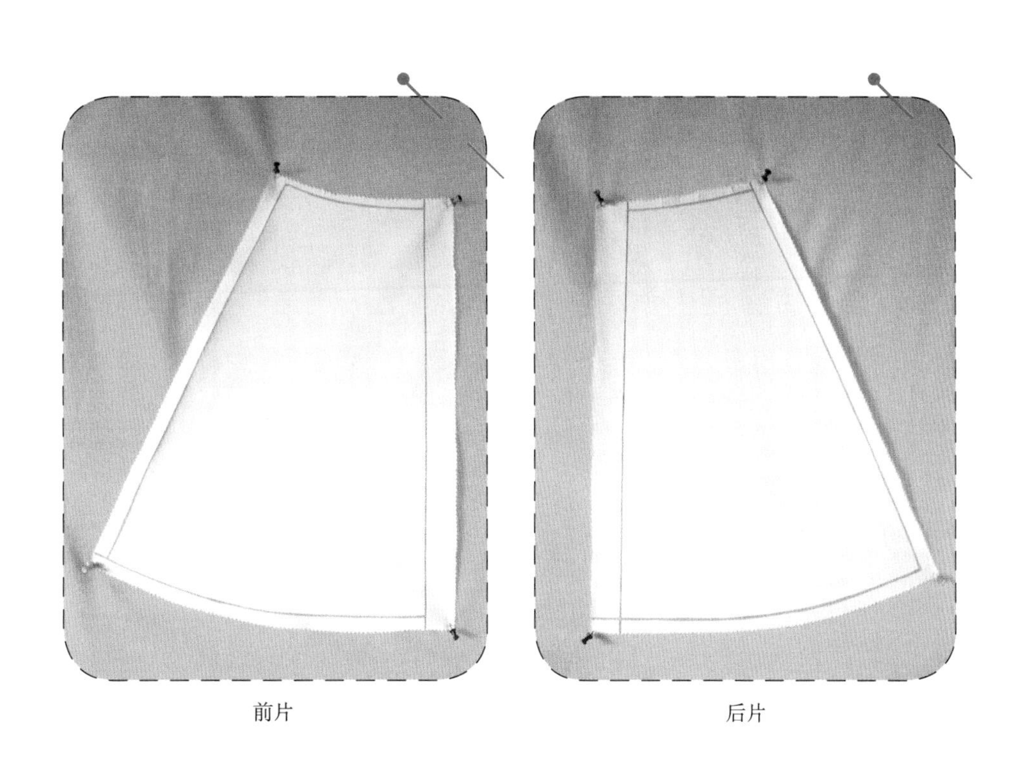

图 6–25

六片A型裙

此款由六片裙片构成。在腹围线位置，每片裙片的宽度一样，这样能得到最好的外观效果。

款式结构图

首先画出结构图（图6–26）。

为了得到每片裙片的宽度，先量出腹围，然后除以6，腹围=87cm， 87cm ÷ 6=14.5cm。

每片裙片在腹围线位置的宽度是14.5cm，而在裙下摆处，左右各需多出4cm。

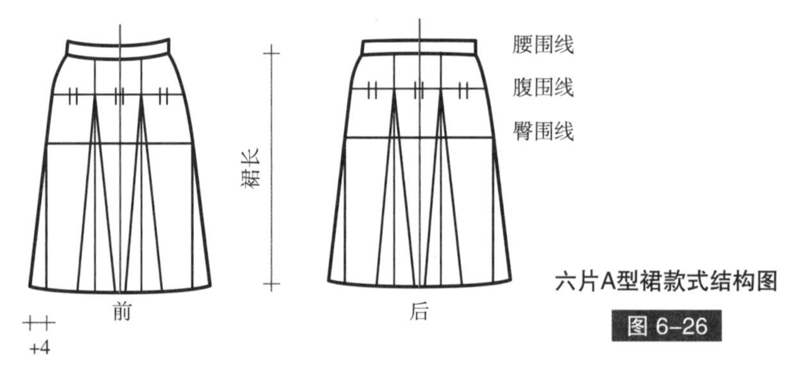

六片A型裙款式结构图

图 6–26

裁布计划

图6–27（A），用透明纸画出一片裙片（绿线）。

图6–27（B），在一片裙片的两侧和底边加放1cm缝份余量，上边缘加3~5cm余量。

图6–27（C），在布上重画一遍加了缝份余量的裙片，标出主要结构线（裙片中线、腹围线和腰围线）。

准备4片相同的裙片，做裙子的一半。

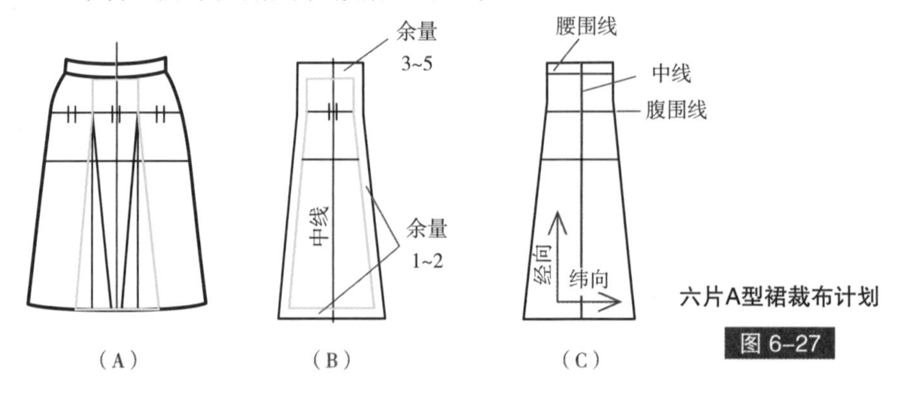

六片A型裙裁布计划

图 6–27

立裁步骤

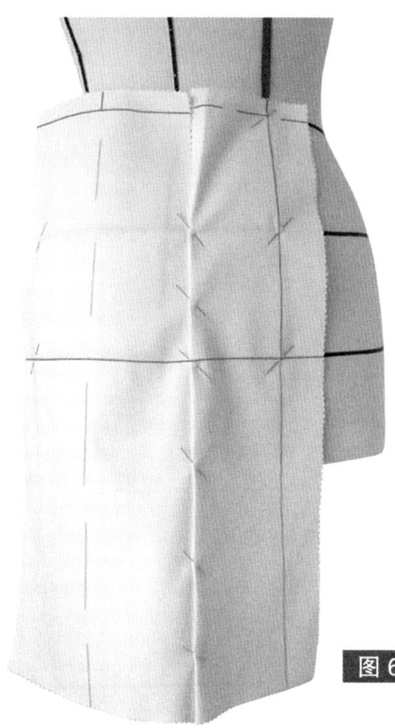

图 6-28

先从底边到腹围线，将前片的两片裙片拼合，如图6-28所示。

将裙片放在人体模型的右半边，注意结构线和人体模型标线必须吻合（前中线、腹围线和腰围线）。

沿着前中线，在腰围线、腹围线和臀围线的位置固定大头针。同时，在侧缝与腹围线和臀围线的交点处用大头针固定。

用与直裙相同的方法做出腰省：用手将腹围线处的裙片向上提，使腰围线和腹围线之间的裙片侧缝平整，这样，裙子的省量就自然地产生了。然后，在腰围线处将省量固定。

为了让裙子上半部分合体，两片裙片之间要收腰省。

为此，首先拉平裙片，确定没有鼓包和褶皱。然后，沿拼缝线用大头针将裙片拼合起来。

用点描出侧缝线、腰围线和省道（图6-29）。

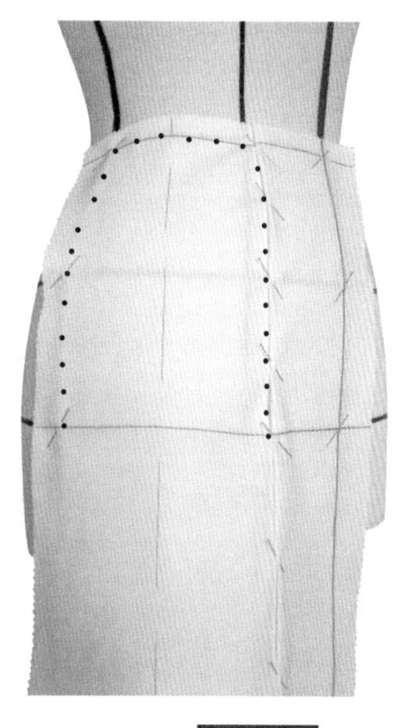

图 6-29

注意

两片裙片间的缝线位置不一定与人体模型上的标线吻合，因为这取决于腹围线处的裙片宽度。

图 6-30

用与前片相同的方法，将两片后裙片拼合起来。然后将裙片放在人体模型右半边。注意结构线要与人体模型上的标线吻合（后中线、腹围线和腰围线）。

沿着后中线，在腰围线、腹围线处固定大头针。同时，沿着侧缝，在腹围线上再用大头针固定。

然后做出侧缝省，并用与前片相同的方式，做出裙片之间的腰省。

用点描出侧缝、腰围线和分割线（图6-30）。

将裙片从人体模型上取下，用直尺和曲线板将描点连起来，并将弧线画圆顺。

然后，重新在人体模型上将裙片拼合，注意结构线要与人体模型的标线吻合，以便确定所要的裙长（图6-31）。

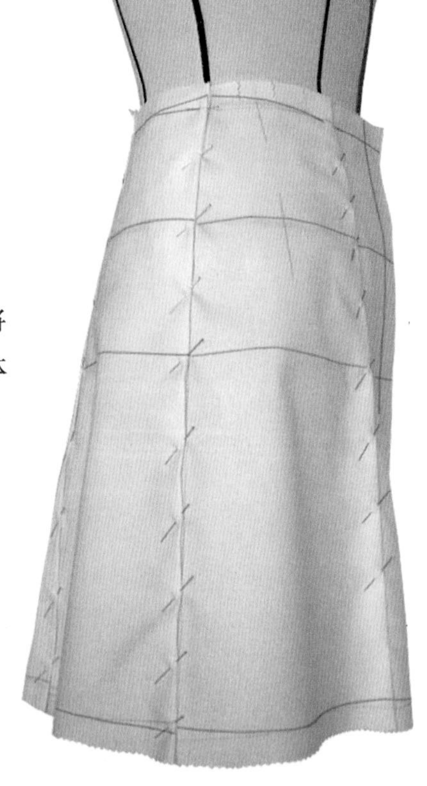

图 6-31

裙片样板

从人体模型上将裙片取下，并拿掉所有的大头针。如有必要，低温熨烫。

在净样板的基础上，四边加上适当的缝份余量，然后沿外轮廓线剪下（图6–32）。

建议大家用透明拷贝纸，将裙片样板复制到样板纸上。事实上，纸样板更加容易保存，而且没有样板变形的风险。

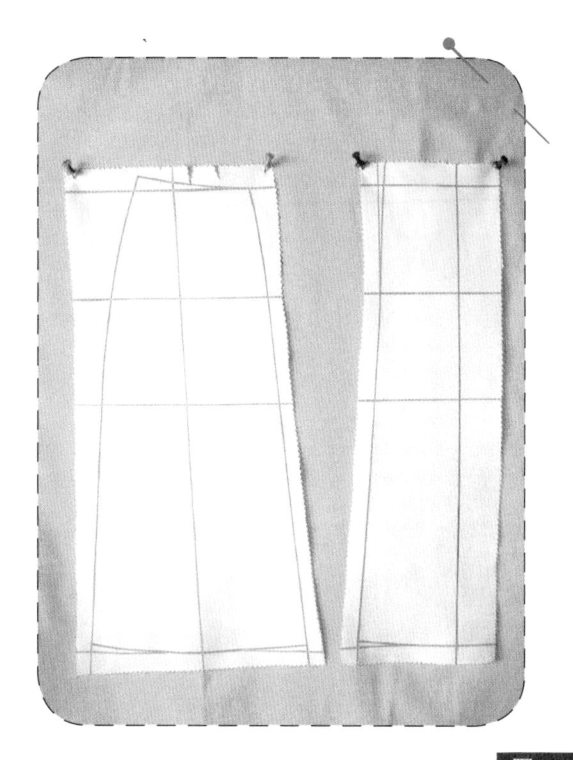

图 6–32

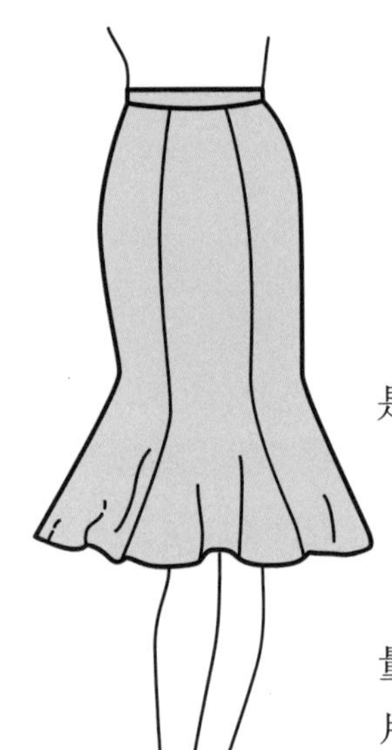

六片鱼尾裙

此款由六片裙片构成：上半部分是直裙，下半部分是喇叭裙造型。

款式结构图

为了好的外观效果，裙片的大小要一样。为此，先量出臀围，然后除以6：臀围=96cm，96cm ÷ 6=16cm。每片裙片的宽度是16cm。在裙下摆处，左右各需加出4cm（图6-33）。

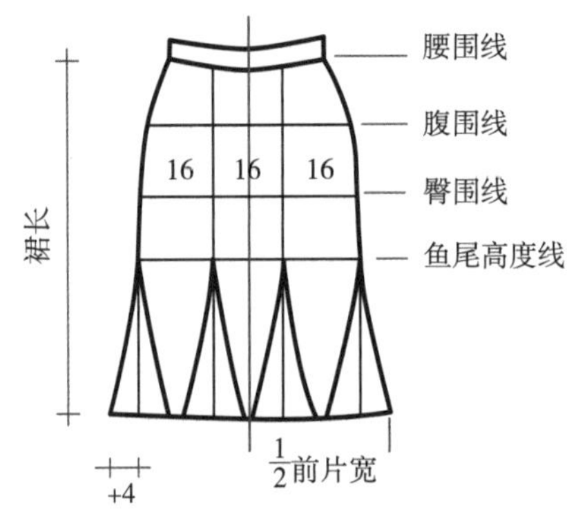

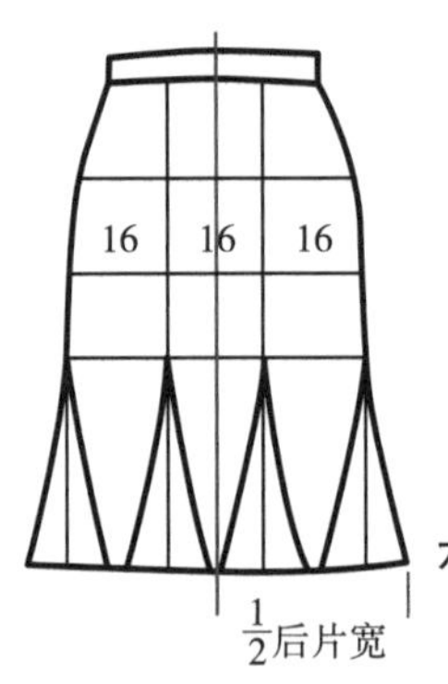

六片鱼尾裙的结构图

图 6-33

裁布计划

图6-34（A），用透明纸画出一片裙片（绿线）。

图6-34（B），在裙片侧边和底边加上1~2cm余量，在上边缘加3~5cm余量。

图6-34（C），在布上重画一遍加了余量的裙片，标出主要结构线。红色画出裙片中线，黑色画出臀围线、腰围线和鱼尾高度线。

裁出四片相同的裙片，做一半的前片和后片。

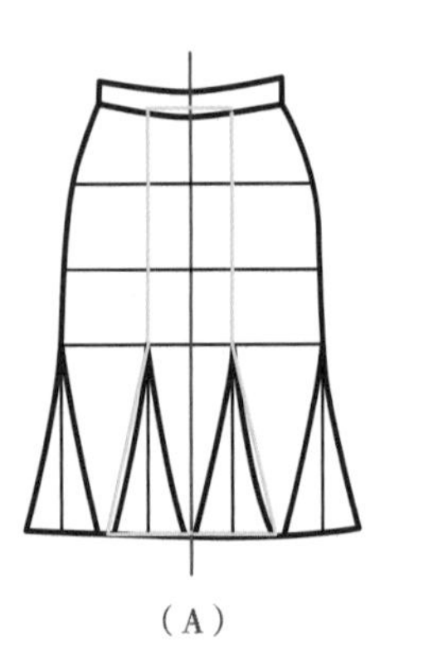

（A）

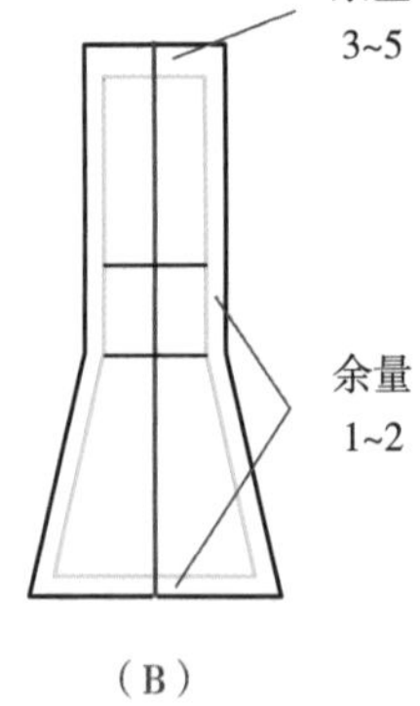

（B）

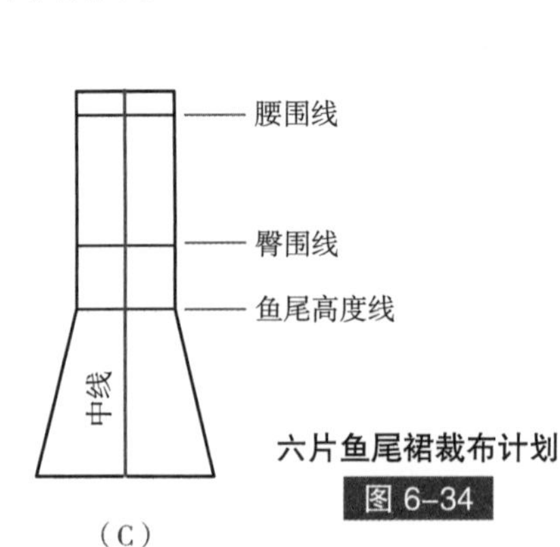

（C）

六片鱼尾裙裁布计划

图 6-34

立裁步骤

从裙摆到臀围线，将前片的两片裙片拼合。

将裙片放在人体模型的右半边，注意结构线和人体模型标线必须吻合（前中线、臀围线和腰围线）。如图6–35所示，固定大头针。

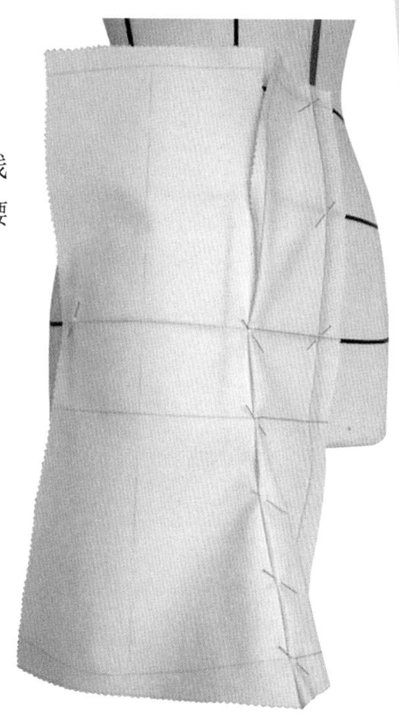

图 6–35

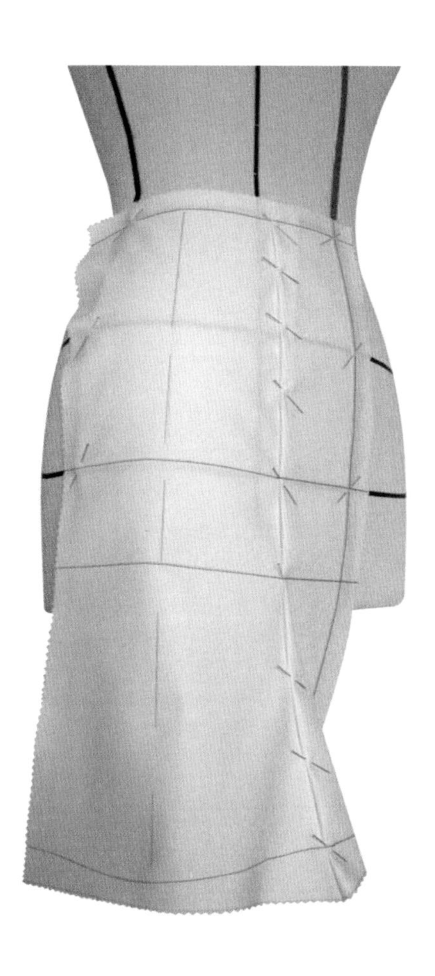

然后做出腰省：用手将臀围线处的裙片向上提，使腰围线和臀围线之间的侧缝处裙片平整，这样，裙片的省量自然地产生了。

然后，沿着侧缝，在腹围线、腰围线和臀围线处固定大头针。

为了让裙子上半部分合体，两片裙片之间要收腰省。首先拉平裙片，确定没有鼓包和褶皱。然后，沿拼缝线用大头针将裙片拼合起来（图6–36）。

用点描出侧缝线、腰围线和臀围线以上的拼缝线（参见图6–29）。

图 6–36

前后片的制作方法相同（图6–37）。

— 从裙摆到臀围线，将裙片拼合起来。

— 将后裙片放在人体模型右半边，用大头针固定。

— 做出侧省。

— 做裙片间的腰省。

— 描点。

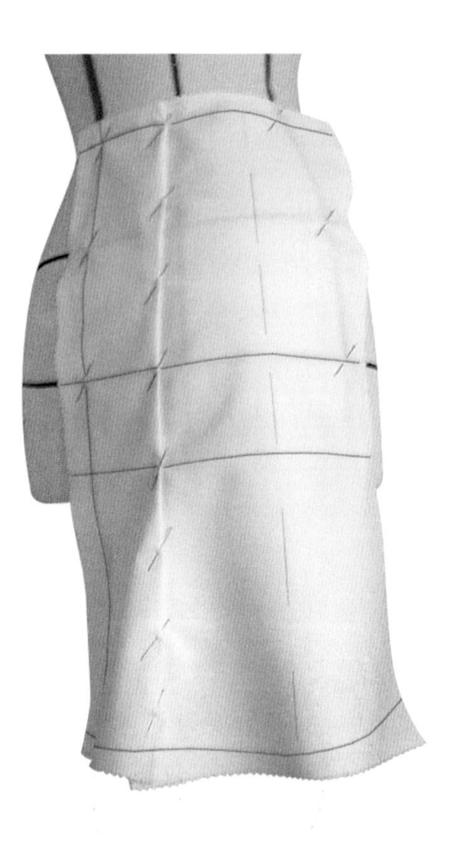

图 6–37

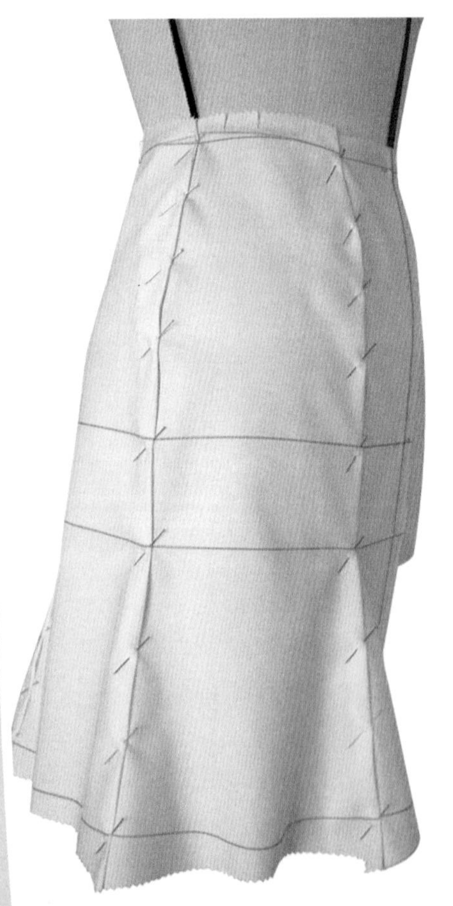

将裙片从人体模型上取下，用直尺和曲线板将描点连起来，并将弧线画圆顺。

然后，重新在人体模型上将裙片拼合，调整和确定裙长。注意结构线要与人体模型的标线吻合（图6–38）。

图 6–38

裙片样板

从人体模型上将裙片取下，并拿掉所有的大头针。如有必要，低温熨烫。

在净样板的基础上，四边加上适当的缝份余量，然后沿外轮廓线剪下（图6–39）。

建议大家用透明拷贝纸，将裙片样板复制到样板纸上。事实上，纸样板更加容易保存，而且没有样板变形的风险。

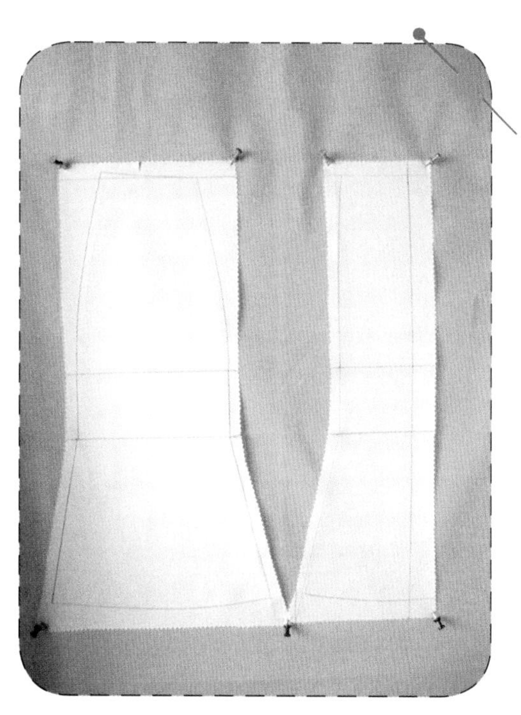

图 6–39

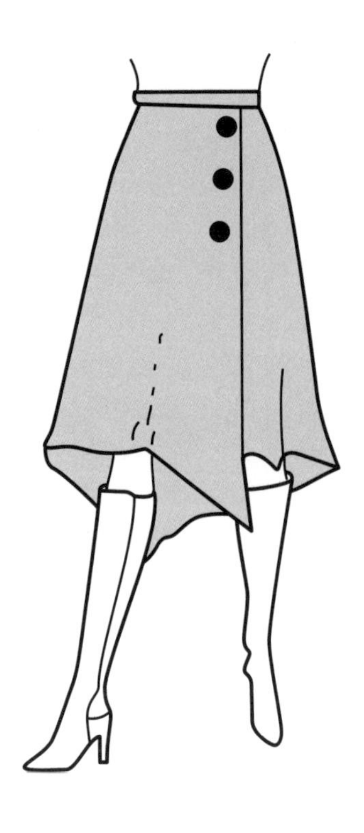

不对称裙

因为裙片是不对称的，所以要将完整的裙片做出，不能只做一半，而且左前片和右前片的裁布是不相同的。

款式结构图

款式结构图如图6-40所示。

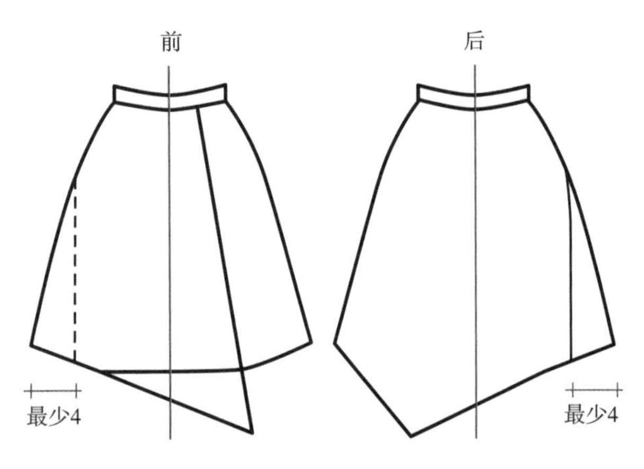

不对称裙款式结构图

图 6-40

右前片裁布计划

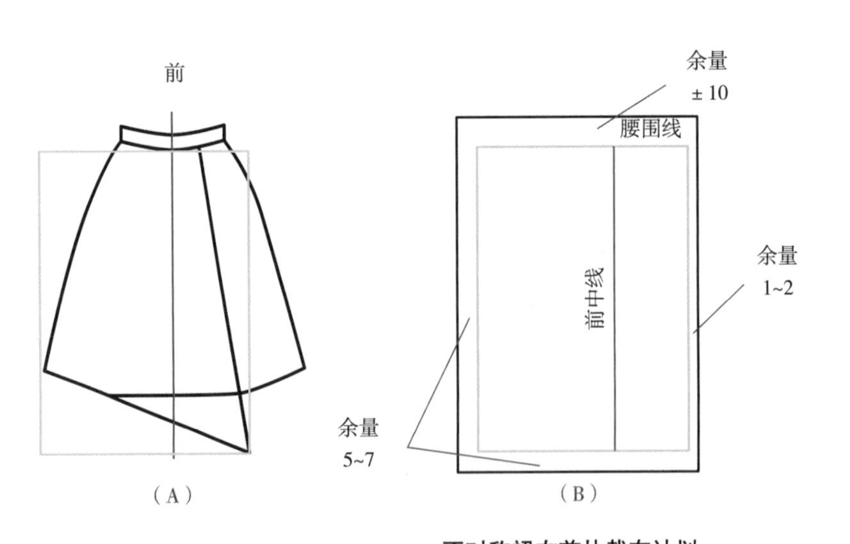

不对称裙右前片裁布计划

图 6-41

图6-41（A），裙前片是不对称的，因此计算立裁用布时，右片需将底边的尖角算在内（绿线）。

图6-41（B），在长方形上边缘加10cm余量，其他边缘线所加的余量根据款式要求决定。

图6-41（C），重新画加了余量的右前裙片，用红色线画出前中线，并用5cm的短线标出腰围线位置。

左前片裁布计划

图6-42（A），按照裙长和裙宽，准备左前片的用布（绿线）。

图6-42（B），在长方形上边缘线加10cm余量，其他边缘线所加的余量根据款式要求决定。

图6-42（C），重新画加了余量的左前裙片，用红色线画出前中线，并用5cm的短线标出腰围线位置。

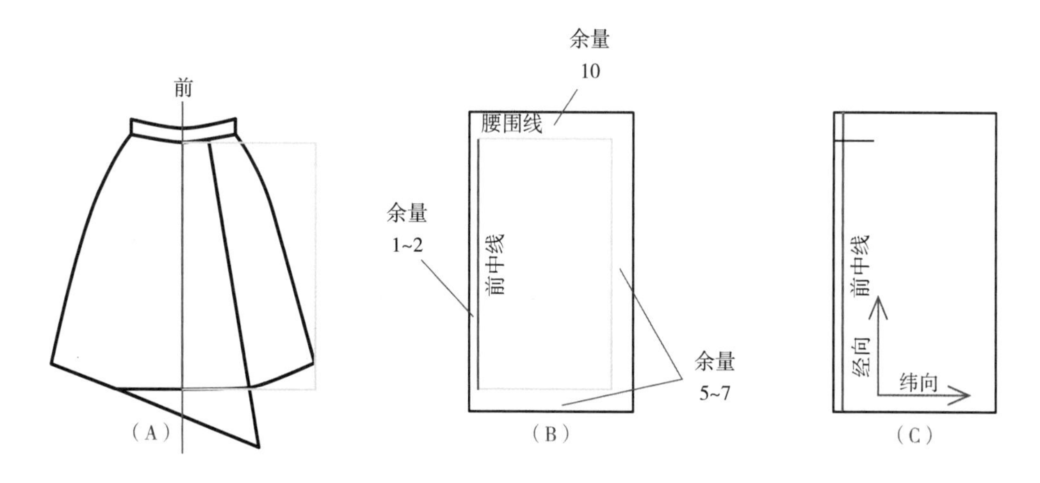

不对称裙左前片裁布计划

图 6-42

后片裁布计划

图6-43（A），因为裙后片也是不对称的，所以要准备整个裙片。计算用布时，将尖角也算在内（绿线）。

图6-43（B），在布片上边缘线加10cm余量，其他边缘加5~7cm余量。

图6-43（C），重新画加了余量的后片，用红色线画出后中线，并用10cm的短线在后中线上标出腰围线位置。

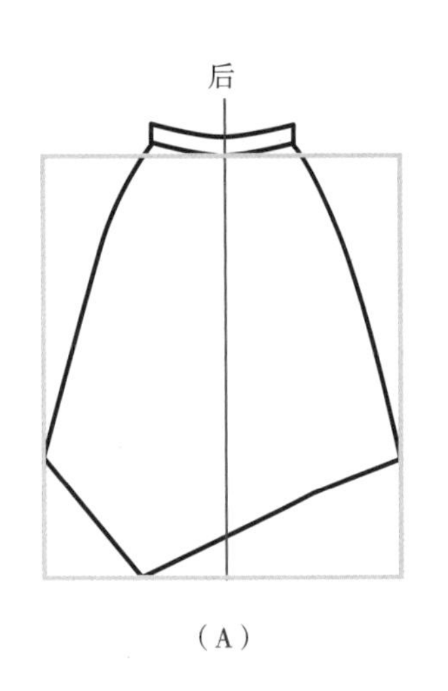

（A）

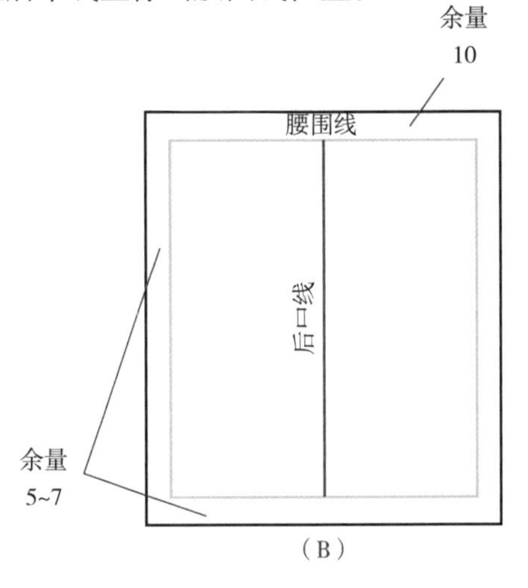

（B）

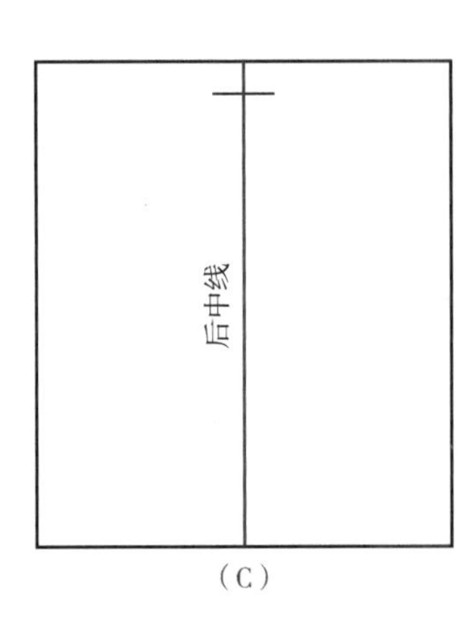

（C）

不对称裙后片裁布计划

图 6-43

立裁步骤

将裙右前片放在人体模型的右侧，结构线要与人体模型标线吻合（前中线和腰围线）。

在前中线的腰围线、腹围线和臀围线处，用大头针固定裙片。

用手将侧缝的裙片向下拉，使裙片上半部分贴合人体模型。同时，裙下摆呈A型。

沿着侧缝，在腰围线和腹围线的位置固定大头针（图6-44）。

在臀围线上方，描出侧缝和腰围线（参见图6-29）。

图 6-44

按照描点，画出右边的裙前片。然后，将裙片放回人体模型，根据需求，画出裙摆尖角的形状。沿着侧缝，定出裙长（图6–45）。

为了画左边的裙片，将右片复制，以得到同样的裙摆形状。

将左裙片放平，对齐左右裙片的前中线，左片在上，右片在下（图6–46）。然后，在左片上复制腰围线和侧缝。

取下右裙片，画上左裙片的长度。

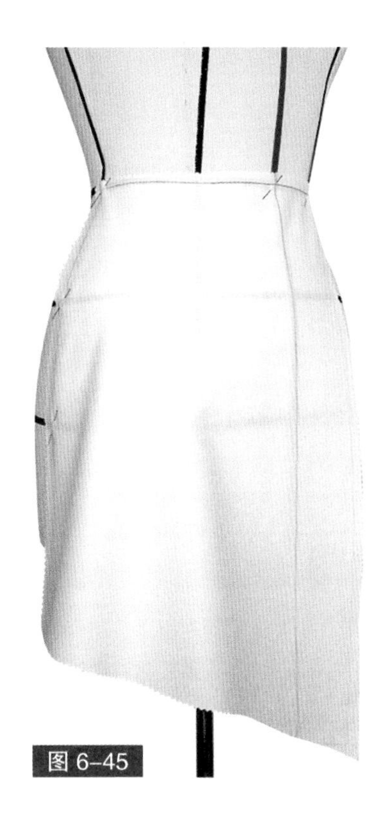

图 6–45

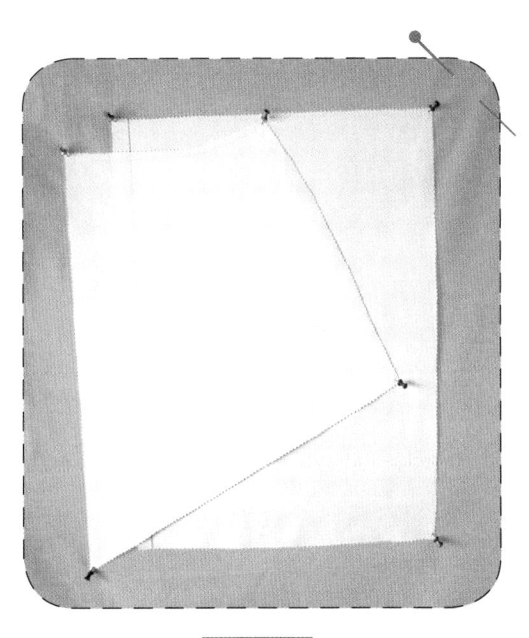

图 6–46

将左右前片放在人体模型上，对齐前中线和腰围线。然后，根据扣眼大小，调节门襟宽度（图6–47）。

图 6–47

制作后裙片，先将裙片放在人体模型上，注意背中线和腰围线要与人体模型标线吻合。

用手捏住裙片侧缝，往下轻拉，使裙片上半部分平整地贴合在人体模型上，同时，裙摆也呈A型。

在两边侧缝的腰围线处用大头针固定（图6–48），然后用点描出（参见图6–29）。

图 6–48

在拼合裙片之前（左前片、右前片和后片），检查后片两边的侧缝是否一致。可以沿着后中线对折，放平裙片，比对之后一起剪裁。然后将裙片穿回人体模型上，调节裙长，并根据设计需要，定出尖角形状（图6-49）。

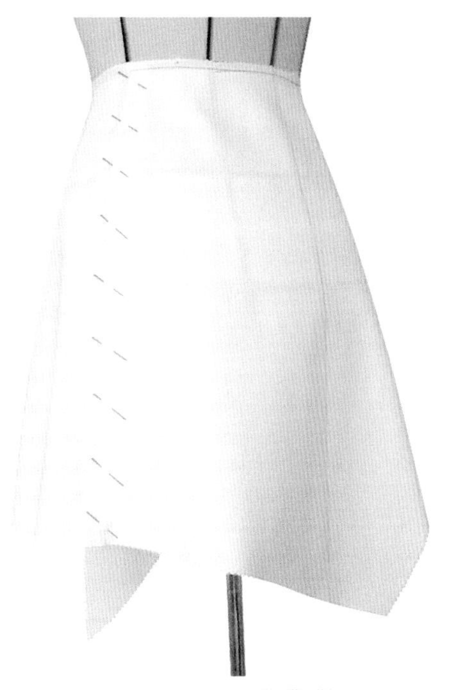

图 6-49

裙片样板

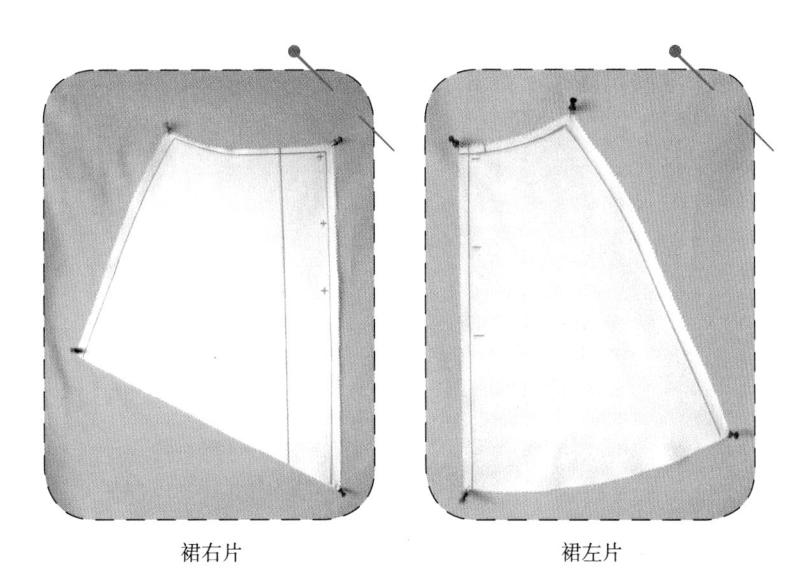

图 6-50

从人体模型上将裙片取下，并拿掉所有的大头针。如有必要，低温熨烫。

在净样板的基础上，四边加上1~2cm的缝份，然后沿外轮廓线剪下样板（图6–50、图6–51）。

建议大家用透明拷贝纸，将坯布样板复制到样板纸上。事实上，纸样板更加容易保存，而且没有样板变形的风险。

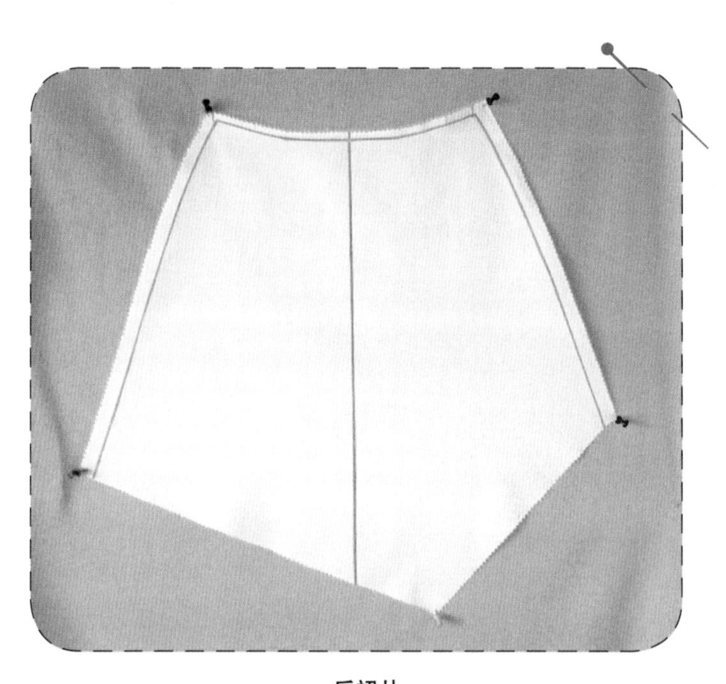

后裙片

图 6–51

半圆裙（180°）

此款（图6–52）是先将布裁成半圆形，然后进行立裁。

半圆裙有可能在侧缝处没有拼接，连贯的线条让裙子的外观更佳，尤其是面料为条纹或者方格图案时。

无侧缝剪裁设计，要求所用面料有足够的幅宽，才可以排下裙长和腰围。

本款要在面料上标注必要的丝缕方向，裙长为60cm，有侧缝和无侧缝的半圆形裙。

图 6–52

无侧缝半圆裙裁布计划

无侧缝半圆裙裁布计划如图6–53所示。

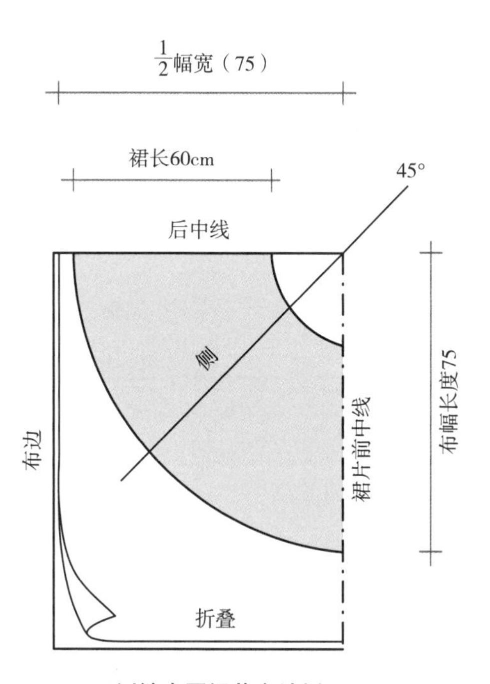

无侧缝半圆裙裁布计划

图 6–53

有侧缝半圆裙裁布计划

有侧缝半圆裙裁布计划如图6-54所示。

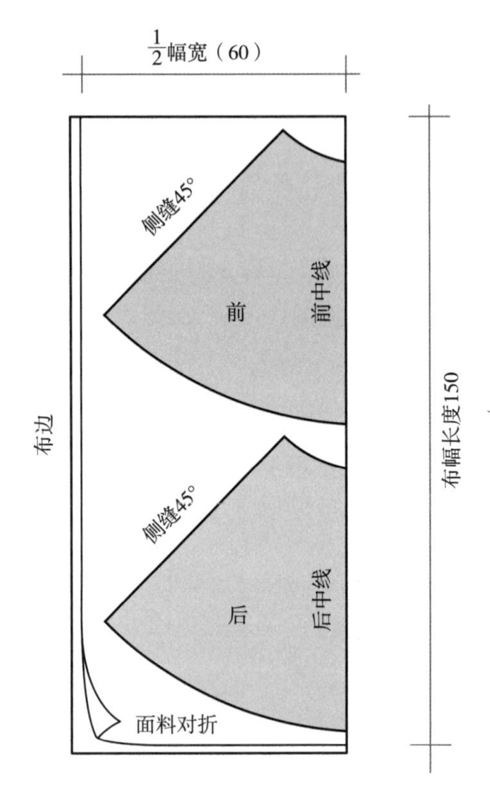

有侧缝半圆裙裁布计划

图 6-54

立裁步骤

将半圆裙片放在人体模型上，结构线要与人体模型标线吻合：腰围线、前中线、后中线和侧缝（图6-55）。

裙摆的褶裥是自然形成的，为了获得更好的外观效果，需在腹围线（腰下10cm）处做一些整理。

图 6-55

斜裁波浪裙

这款裙子由两部分构成：上半部分是带省道和裙腰的直裙，下半部分呈波浪形，裙片裁成扇形或者半圆形。上下裙片以斜向分割线拼接。

款式结构图

此款裙子的款式结构图如图6-56所示。

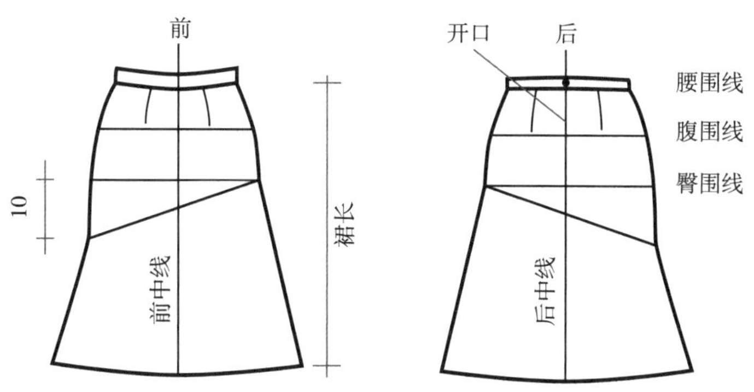

斜裁波浪裙款式结构图

图 6-56

波浪下摆裁布计划

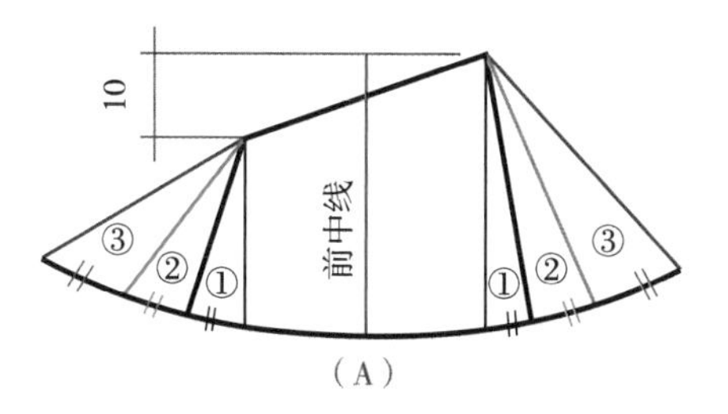

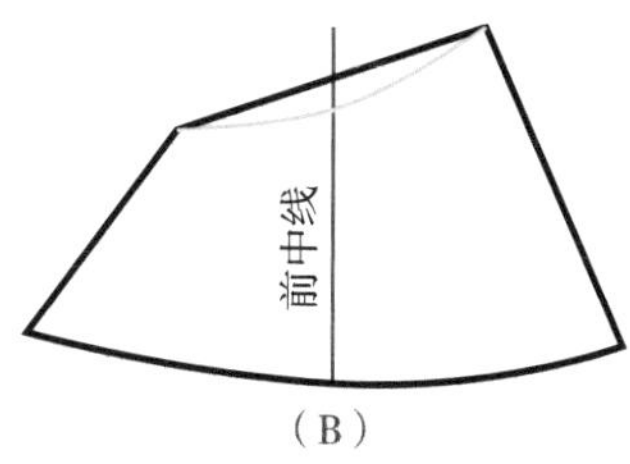

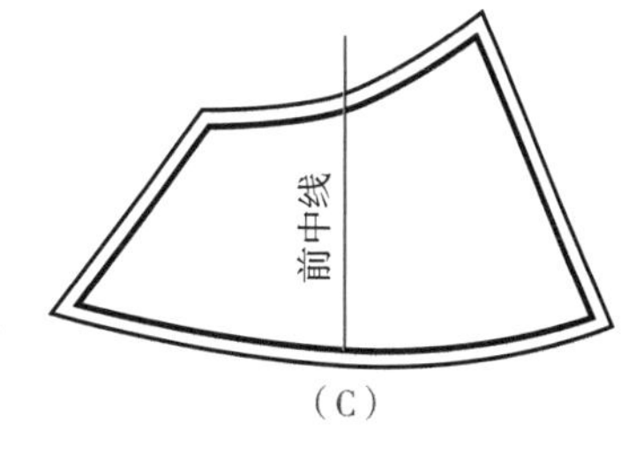

裙波浪下摆裁布计划

图 6-57

图6–57（A），在坯布上画垂直线（前中线），然后根据款式图所示，画出斜向分割线，并定出裙摆宽［图6–57（A）中的①、②、③表示三种不同宽度的裙摆］。

图6–57（B），斜向分割两端的落差，决定了裙摆波浪的量。斜度越大，波浪越大，以下所介绍的款式，两端落差为10cm，最后的裙摆效果，可以在人体模型上做调整。

图6–57（C），画出裙摆，需加2~3cm的余量，并标明前中线（红线）后片的裁布方法与前片相同。

立裁步骤

裙子的下摆部分是不对称的，因此我们需要做出完整的裙片。

按照第132页所介绍的直裙的立裁，做出上半部分裙片。然后，根据款式需求，定出直裙部分的长度和下摆斜线的角度。这里所介绍的款式，斜向分割线两端的落差为10cm，这个量可以根据需要增加或减少（图6–58）。

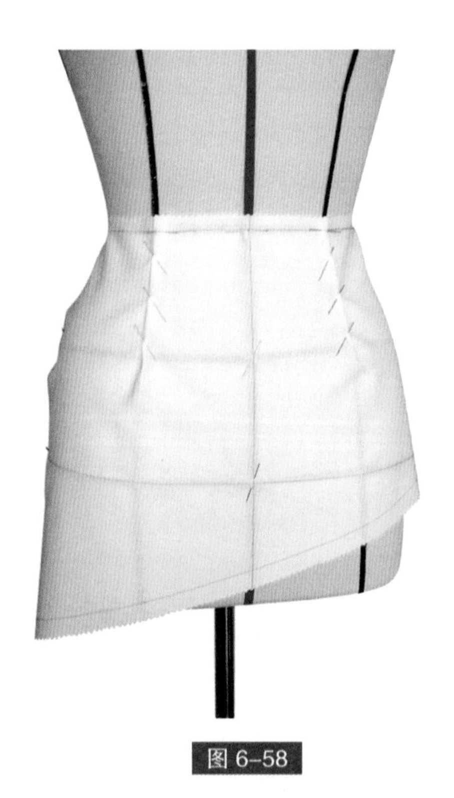

图 6–58

将上下两部分裙片用大头针拼合起来，注意前中线要对齐（红线）。

拼合裙片之后，上抬或降低斜线，对裙摆的波浪做一定的调整，使波浪能平均分布，最后确定裙长。为了确保裙摆的长度相同，可在地上立一根木棍，然后绕轴芯转动人体模型，观察裙底边的每一点是否都落在木棍上标注的同一个位置（图6-59）。

后裙片与前裙片的立裁方法相同。

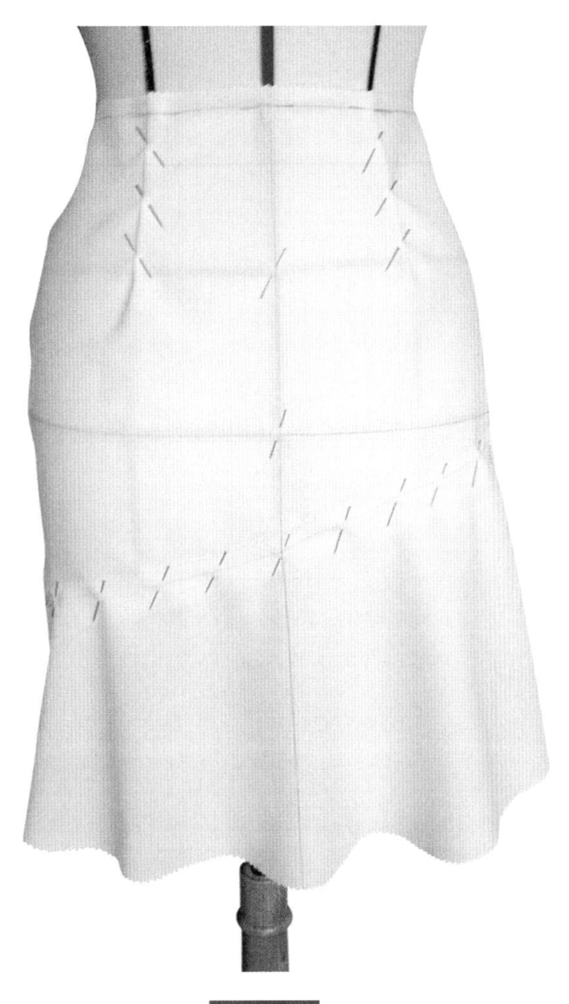

图 6-59

七、各种款式的立体裁剪

本章将融会前篇所讲内容，介绍不同款式上衣的样板制作方法。

掌握基础样板的制作方法，对于制作不同的款式，或者新款的创作，以及进一步的样板制作都是非常必要的。

收腰上衣

款式1

直裙做法见第132页
直袖做法见第109页

款式结构图

此款上衣衣长60cm，前门襟五粒扣，收腰，挂面和衣片分裁。

在结构图（图7–1）上标注所有的款式细节，定出前后片的裁布计划。

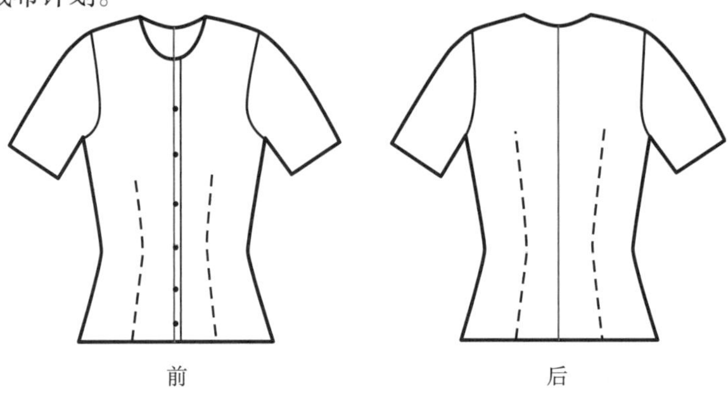

收腰上衣款式结构图

图 7–1

前片裁布计划

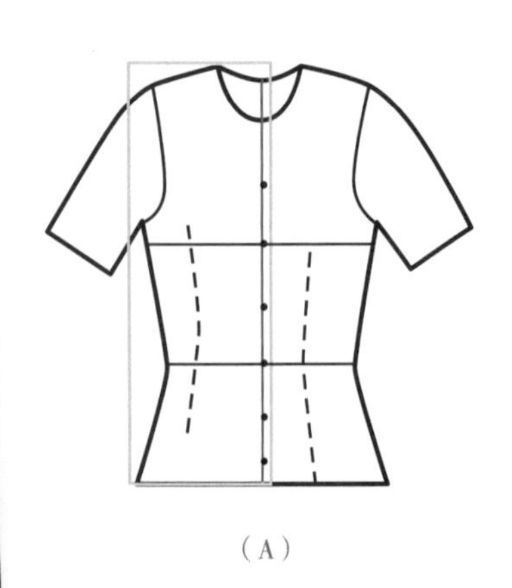

（A）

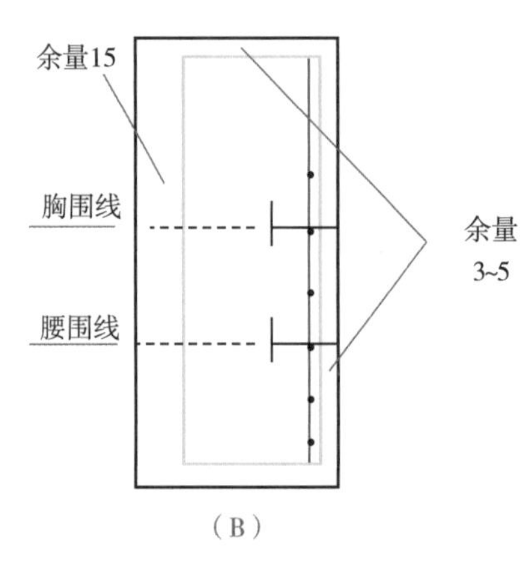

（B）

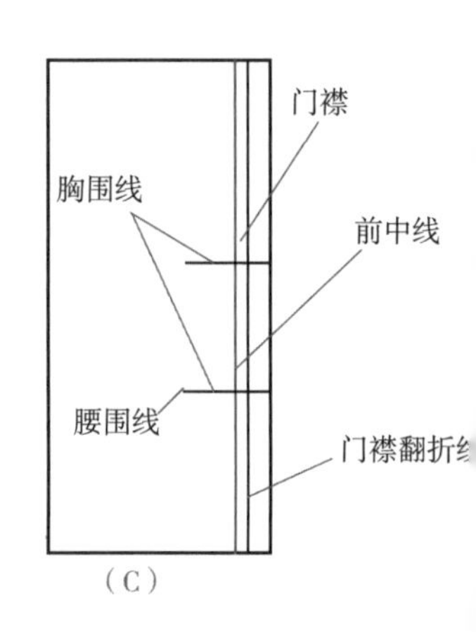

（C）

前片裁布计划

图 7–2

图7-2（A），因为前片是对称的，所以只需做出一半即可。准备立裁所用的长方形布片，门襟的宽度也要计算在内，它根据纽扣的大小而定（绿线）。

图7-2（B），在前中线和上、下边缘加3~5cm的余量，侧边留出15cm的余量（因为收省需要足够的余量）。按图示，胸围线和腰围线先不画全，在省道完成后，根据人体模型标线再画。

图7-2（C），重新画一遍加了余量的长方形，标明结构线：前中线（红线）、门襟翻折线（黑线）、胸围线（黑线）和腰围线（黑线）。

后片裁布计划

图7-3（A），框定坯布大小，制作一半的后衣片。

图7-3（B），长方形的四边加上3~5cm的余量。

图7-3（C），重新画一遍加了余量的长方形，标明结构线：后中线（红线）、胸围线（黑线）和腰围线（黑线）。

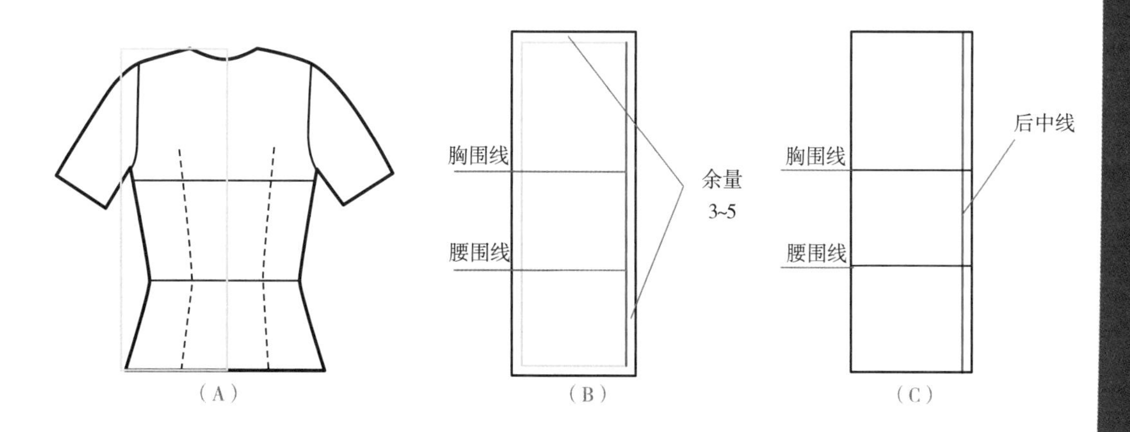

后片裁布计划

图 7-3

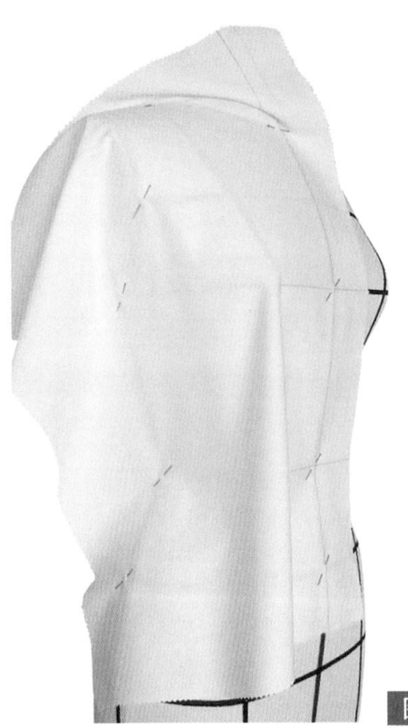

图 7–4

前片立裁步骤

将布片放在人体模型的右边，注意前中线要与人体模型标线吻合。沿着前中线用大头针将布片固定，如图7–4所示。

从前中向袖窿方向抚平衣片，在肩线处将布片固定。然后从肩线开始，沿着侧缝，按经线方向向下轻轻推平衣片，在胸围线、袖窿深线和腰围线的位置用大头针固定。

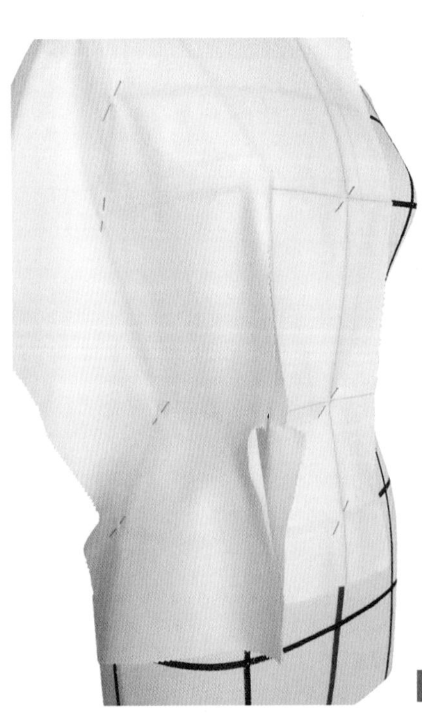

用此方法，得到的省量会很大。为了让省道更加平服，我们沿着省道的中线剪开，剪到距离胸高点3~4cm的地方， 然后在腰围线的位置，省道两边缝份上剪开对位刀口，如图7–5所示。

图 7–5

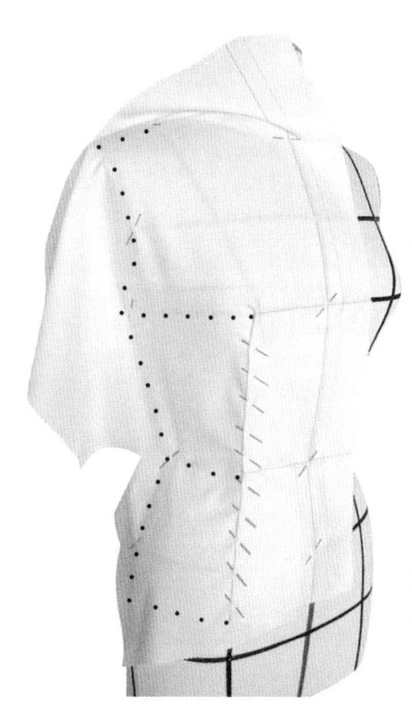

图 7-6

根据人体模型标线，将腰省用大头针别出。

用点描出主要的水平结构线：胸围线、腰围线和下摆边，然后是侧缝、袖窿弧线和肩线，确定领口的形状（图7-6）。

前衣片样板[1]从人体模型上将前衣片取下，并拿掉所有的大头针。如有必要，低温熨烫衣片。

在净样板的基础上，四边加上适当的缝份余量，然后沿外轮廓线剪下样板（图7-7）。

建议大家用透明拷贝纸，将衣片样板复制到样板纸上。事实上，纸样板更加容易保存，而且没有样板变形的风险。

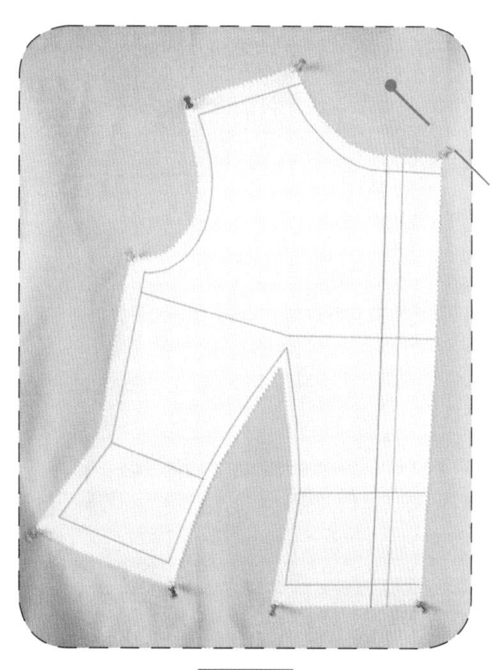

图 7-7

[1] 本书的一些具体服装款式没有介绍后片的样板制作方法，具体方法可参考基础样板的制作。——译者注

不对称上衣

款式2

不对称裙做法见第150页

款式结构图

此款上衣收腰，前片不对称，门襟开扣，泡泡袖。

在结构图（图7–8）上标注所有的款式细节：衣长、胸围线、腰围线、袖长、前片宽……然后，做出前后衣片和袖片的裁布计划。

门襟宽

袖长

胸围线

腰围线

衣长

前

后

$\frac{1}{2}$前片宽

$\frac{1}{2}$后片宽

不对称上衣款式结构图

图 7–8

前片裁布计划

图7–9（A），因为前片是不对称的，框定右衣片立裁用布时，门襟的宽度和尖角也要计算在内（绿线）。

如果左、右衣片结构一样，剪出相同的2片，如果左衣片没有尖角，则只需加上门襟量即可。

图7–9（B），在四周加上2~3cm的余量。

图7–9（C），重新画一遍加了余量的右前片，标明主要结构线：前中线（红线）、胸围线（黑线）和腰围线（黑线）。

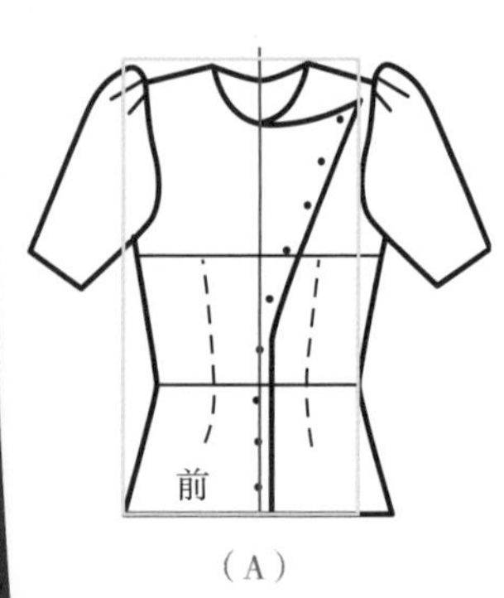

（A）

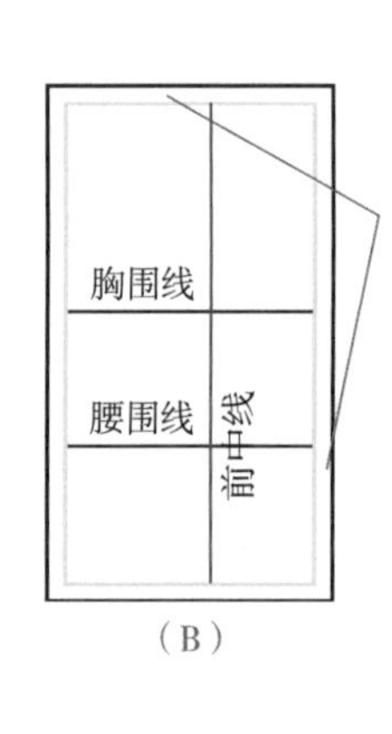

余量

2~3

（B）

（C）

前片裁布计划

图 7–9

后片裁布计划

图7–10（A），只需做一半的后衣片。裁布的宽度以后衣片最宽处为准，该款臀围处最宽。

图7–10（B），四边加上2~3cm的余量。

图 7–10（C），重新画一遍加了余量的长方形，标明主要结构线：后中线（红线）、胸围线（黑线）和腰围线（黑线）。

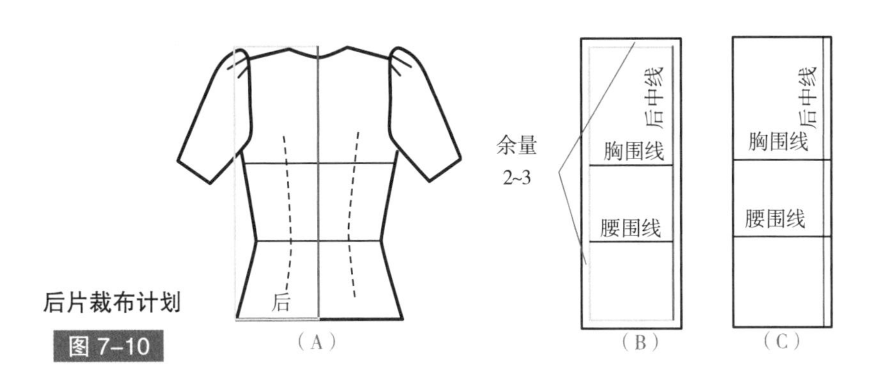

后片裁布计划

图 7–10

袖子裁布计划

图7–11，用红色线在布上画出垂直的袖中线。然后对应人体模型标线，画出水平的结构线：袖窿深线、背宽线和肩端水平线。

因为是泡泡袖，为了得到足够的松量，要在原袖山高的基础上加上3cm。如所用的面料比较轻薄，则要在袖山内垫上网纱。

在新的袖山高线上，以袖中线为中线，左右各量出3cm，共计6cm。

因为袖子是直袖，所以要在袖窿弧线上加一点松量。降低袖窿深线1cm，然后定出袖肥、袖长。

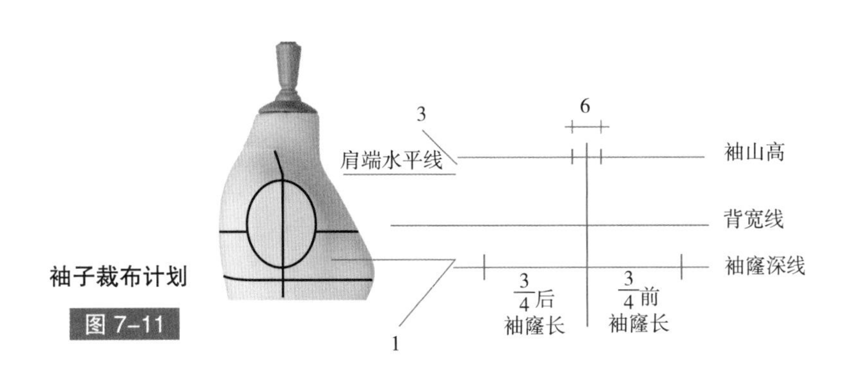

袖子裁布计划

图 7–11

图7–12（A），在原袖肥基础上，左右各向内缩1cm，画出梯形。从袖山最高点起，沿着中线向下量出袖长。

图7–12（B），在布片上画出袖片，加上2~3cm的余量。

标注主要的结构线，这样才能保证成衣后，袖子的形状漂亮。

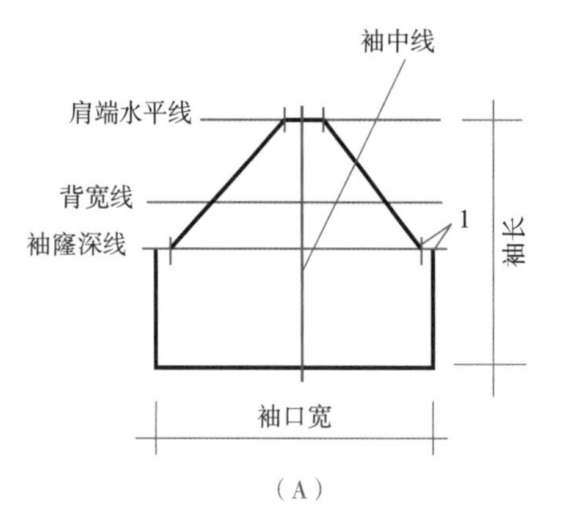

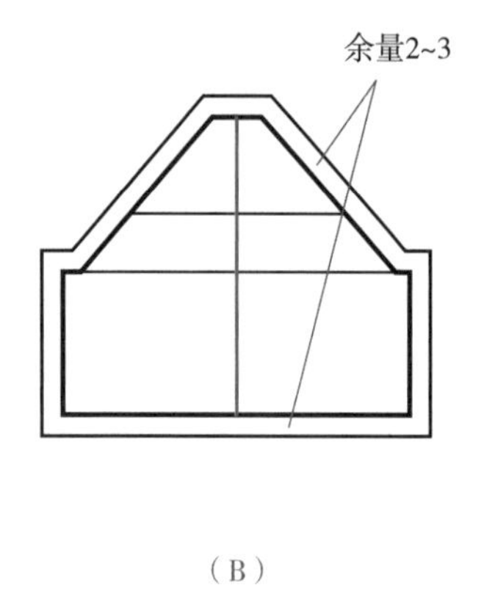

袖子裁布计划

图 7–12

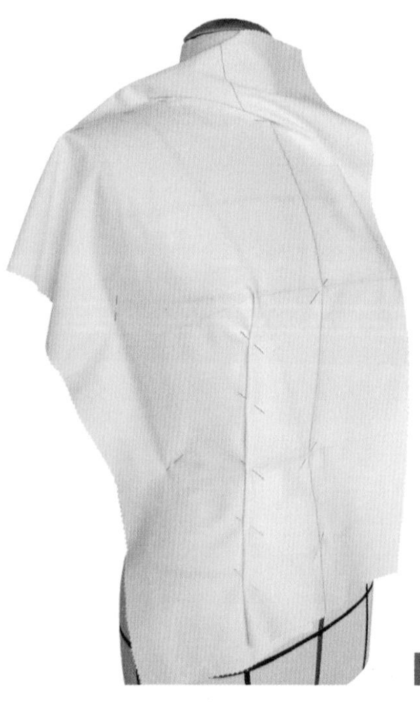

图 7–13

前片的立裁步骤

参考第166页，采用相同的步骤（图7–13、图7–14）。

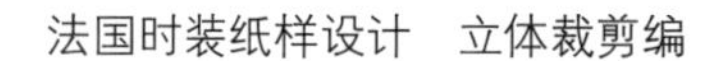

用点描出主要结构线之后（参见图7－6），加上1~2cm的缝份，然后剪下。

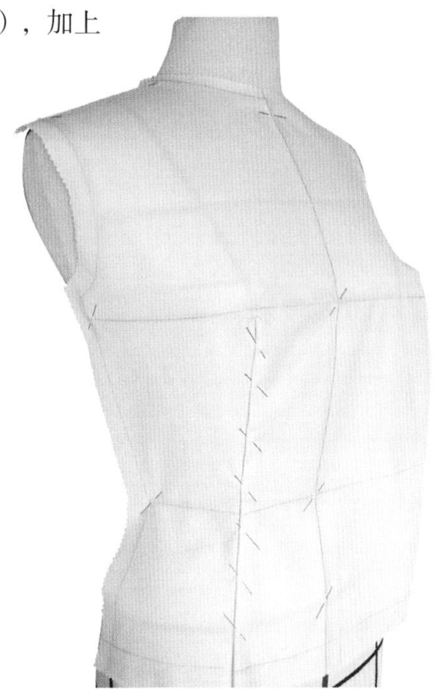

图 7–14

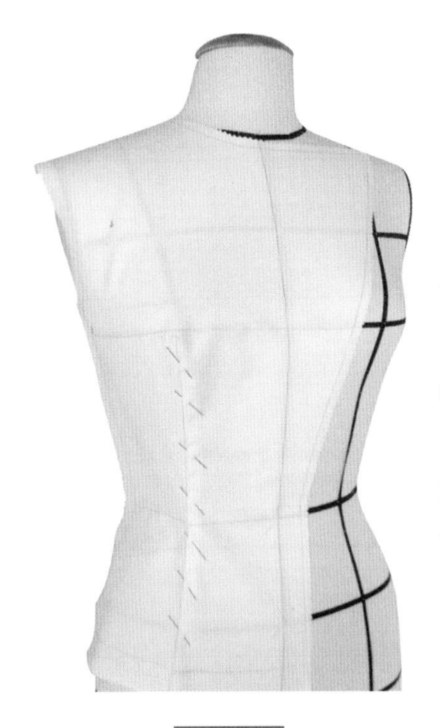

图 7–15

如图7－15所示，是完整的右前衣片。

左前片如果和右前衣片是对称的，则裁出相同的两片。

如果左右前衣片不对称，先复制右前衣片，然后进行修改：去掉尖角，画出垂直的前中线和门襟。

前衣片样板

从人体模型上取下前衣片样板布，如需要的话将布片烫平。

然后将布片上的点用直尺和曲线板辅助，画出衣片样板轮廓。

在衣片样板上放出至少1cm的缝份，然后用剪刀沿着缝份边缘剪掉多余的布（图7－16）。

建议大家用透明拷贝纸，将衣片样板复制到样板纸上。事实上，纸样板更加容易保存，而且没有样板变形的风险。

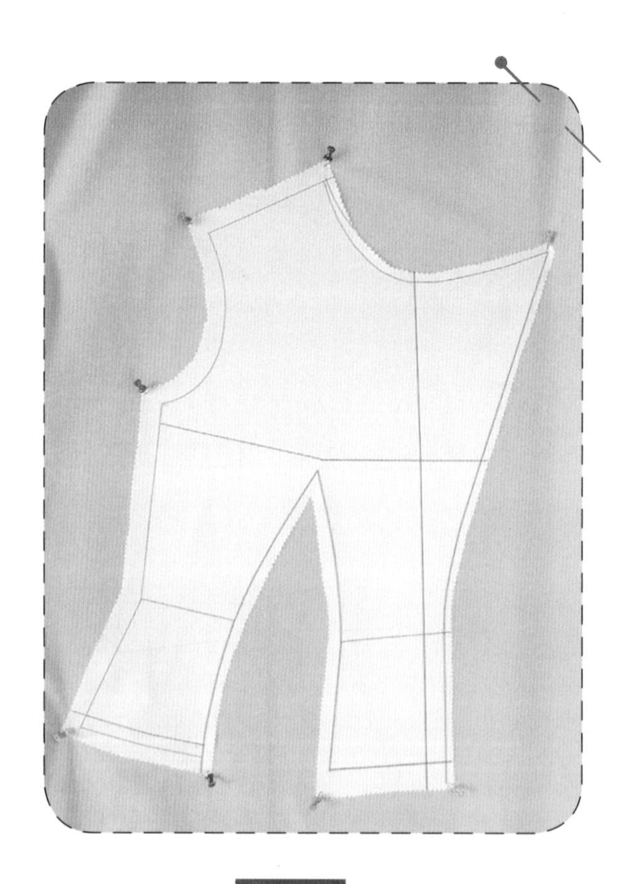

图 7–16

袖子立裁步骤

按照直袖的做法，将袖片置于人体模型上（参考第110页、第111页）。

根据款式，在袖山处做出褶裥，前后袖的褶裥量相同（图7－17）。用大头针固定后，用点描出褶裥位置。

将袖片从人体模型上取下，重新画出袖山（图7－18）。

将所有大头针取下，如有必要，低温熨烫。

按照描点，用直尺和曲线板画出袖子。

加上1~2cm的缝份，然后沿着外轮廓线剪下样板。

不要忘记画上褶裥的对位刀口。

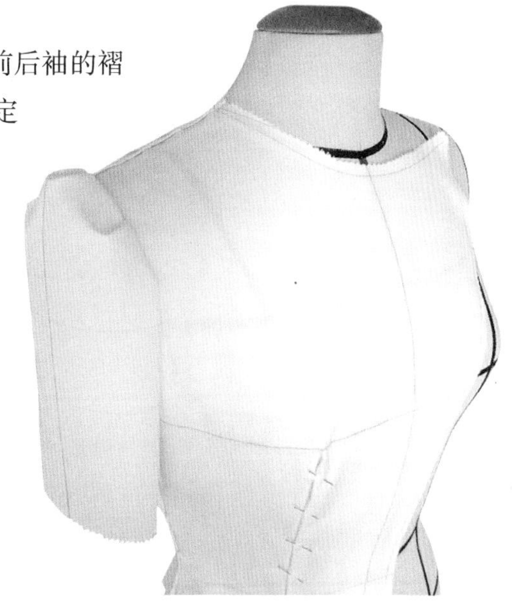

图 7–17

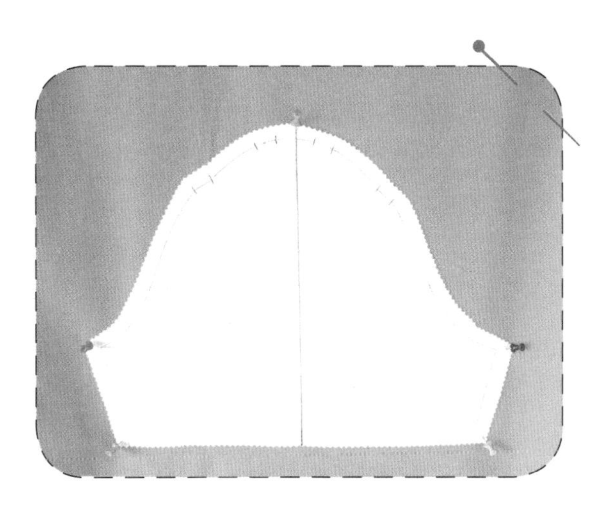

图 7–18

领口收褶的衬衫

款式3

半圆裙做法见第157页
泡泡袖做法见第114页

款式结构图

在款式结构图（图7－19）上，标明衬衫的细节：衣长、胸围、袖长、袖口宽……注意，前后片的裁布是不一样的。

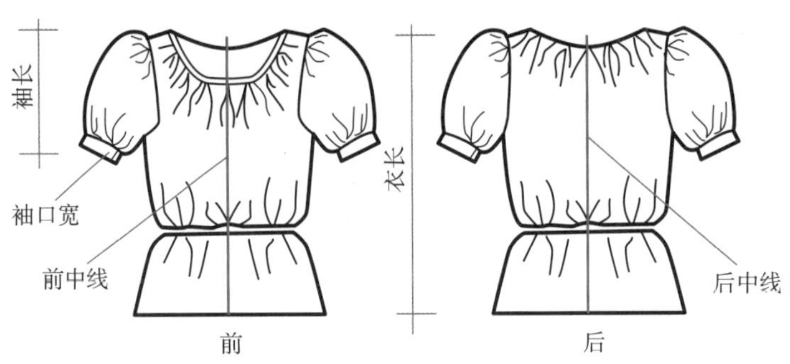

领口收褶衬衫款式结构图

图 7-19

前片裁布计划

图7–20（A），标注衣长、肩宽、$\frac{胸围}{4}$以及前中线、胸围线和腰围线。

图7–20（B），框定立裁所需用布（绿框）。

图7–20（C），在四边加上2~3cm的余量。

图7–20（D），重画加了余量的长方形，标明主要结构线：胸围线（黑线）、腰围线（黑线）、前中线（红线）。

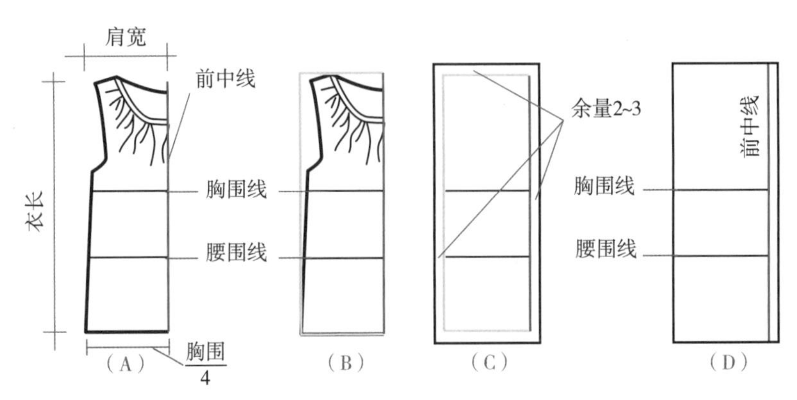

前片裁布计划

图 7-20

后片裁布计划

后片与前片的裁布方法相同（图7－21）。具体步骤请参考第174页，图7–20。

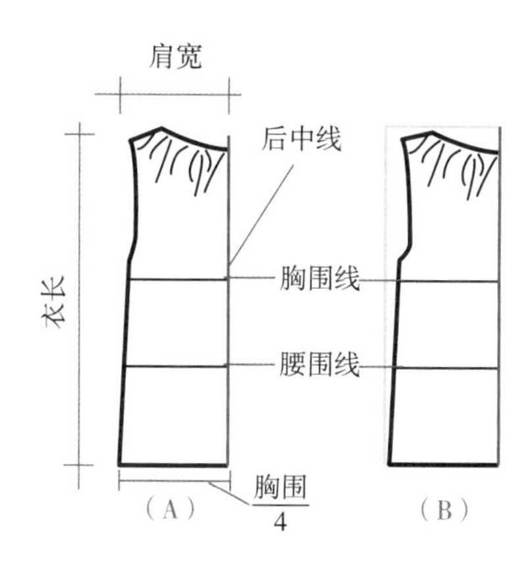

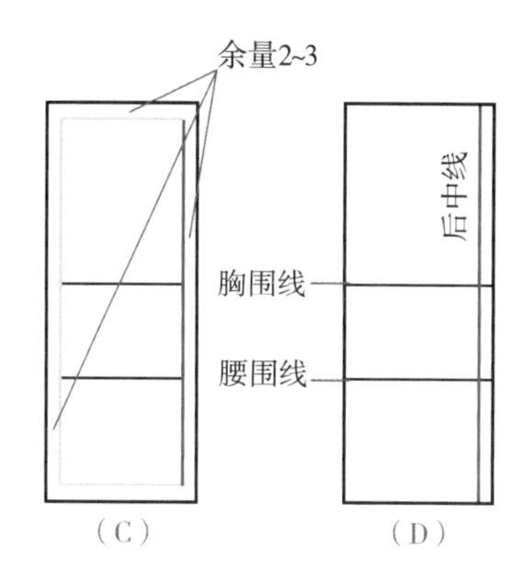

后片裁布计划

图 7–21

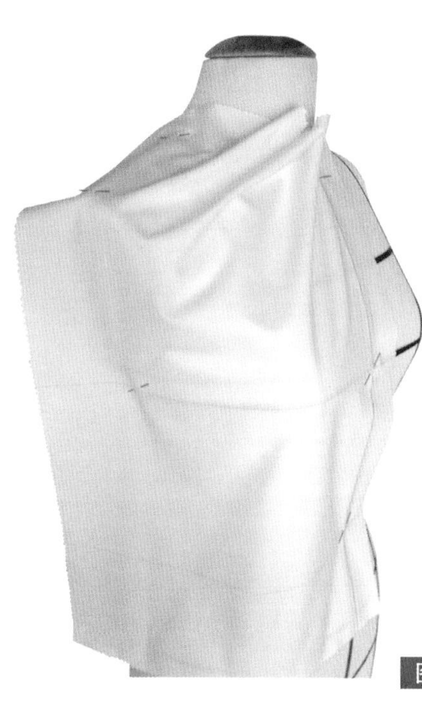

前片立裁步骤

将布片固定在人体模型右侧，注意坯布上所画的结构线要与人体模型标线吻合：前中线、胸围线和腰围线。

在袖窿线下的侧缝上固定一根大头针。

同时，在肩端点和侧颈点处固定大头针（图7－22）。

图 7–22

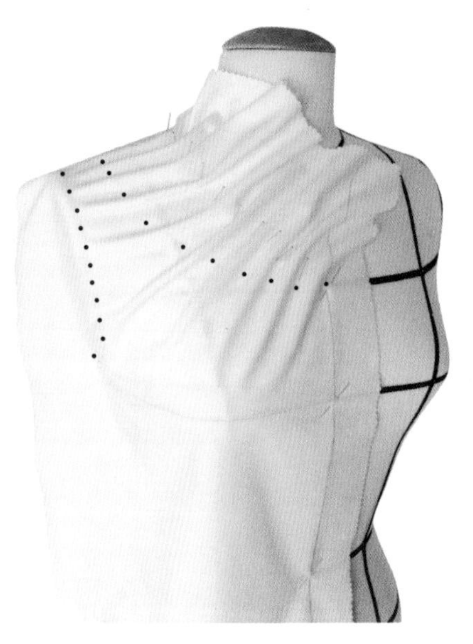

在领口位置捏出均匀的褶皱，然后用大头针固定。

按照人体模型标线，用点描出袖窿弧线、肩线以及款式要求的领口弧线（图7－23）。

图 7-23

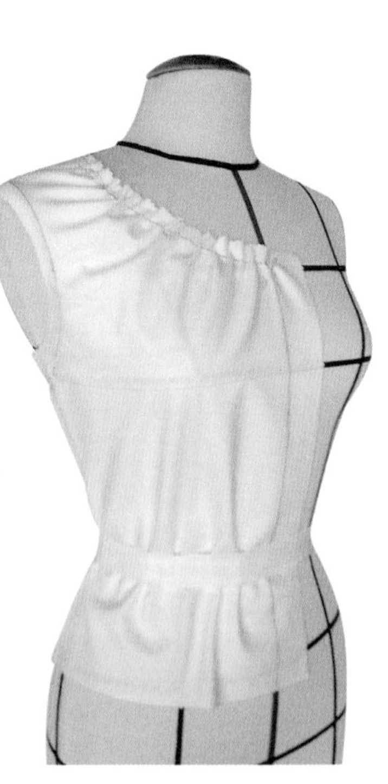

将衣片从人体模型上取下，用直尺和曲线板将布上的描点连接起来。

加上1~2cm的缝份。

用针线沿着前领口缝一遍，然后抽紧缝线，得到所要的褶裥。将衣片放回人体模型，检查收褶的效果（图7－24）。

后衣片与前衣片的制作步骤完全相同（参见第40页）。

图 7-24

从人体模型上将衣片取下，并拿掉所有的大头针。如有必要，低温熨烫。

如果领口有改动，重画一遍。

在净样板的基础上，四边加上1~2cm的缝份余量，然后沿外轮廓线剪下衣片样板（图7－25）。

建议大家用透明拷贝纸，将衣片样板复制到样板纸上。事实上，纸样板更加容易保存，而且没有样板变形的风险。

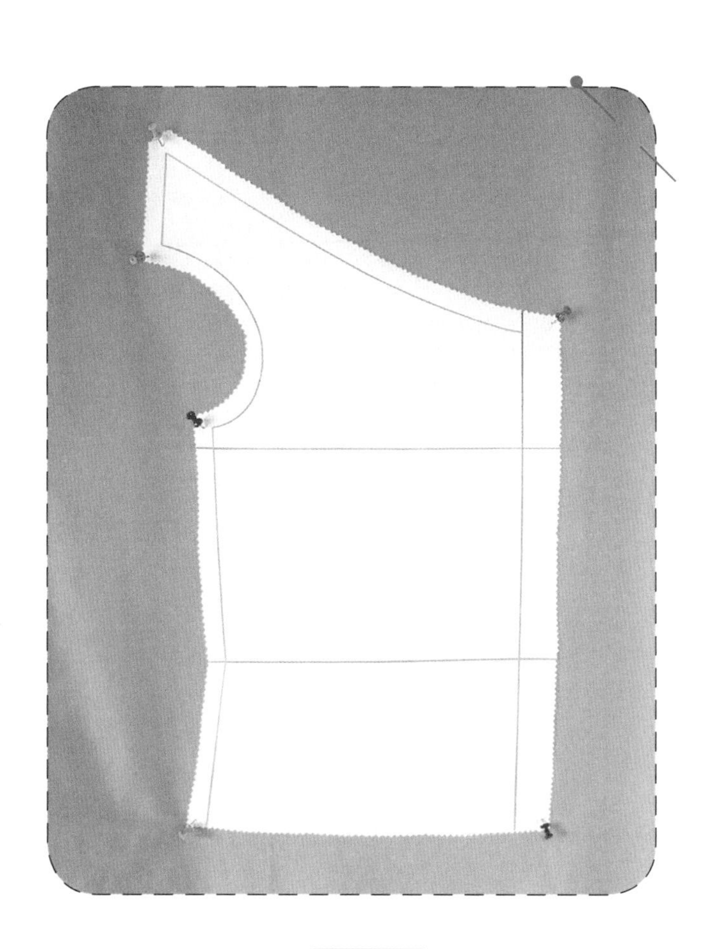

图 7–25

无侧缝短上衣

款式4

喇叭袖做法见第119页

款式结构图

在结构图（图7－26）上，标明设计细节：衣长、胸围、腰围、驳领宽、立领高度……然后做出裁布计划。

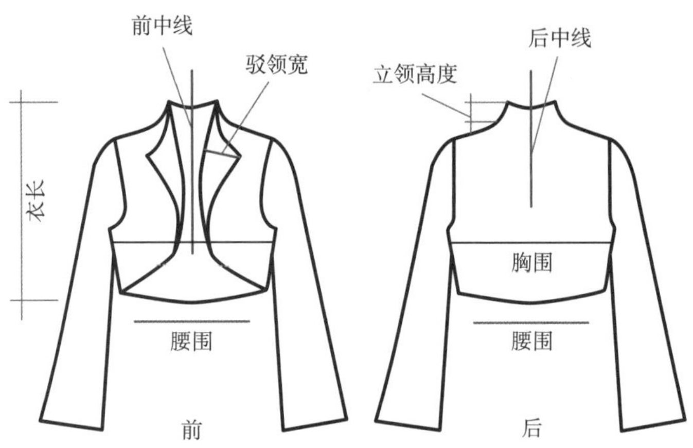

无侧缝短上衣款式结构图

图 7–26

裁布计划

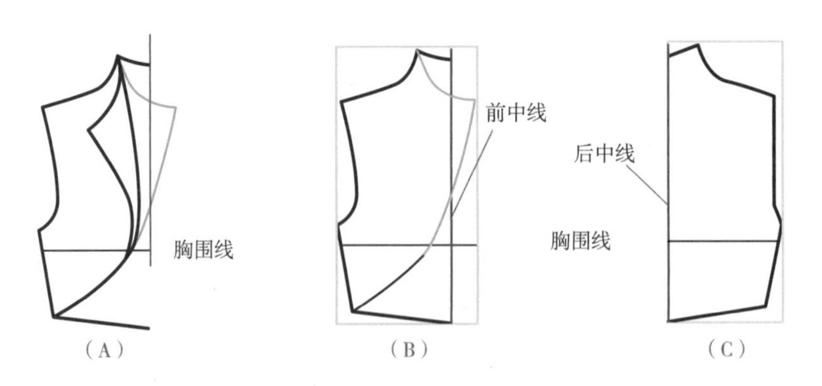

无侧缝短上衣裁布计划

图 7–27

图7–27（A），为了准备前片立裁用布，首先要对称画出驳领。

图7–27（B），根据短上衣衣长（立领的高度需计算在内）和前片宽（翻折驳领宽度需计算在内），画出前片立裁用布。

前片宽是指将胸围除以4，然后加上驳领宽而得。注意标明前中线和胸围线。

图7–27（C），根据衣长（立领的高度需计算在内）画出后片立裁用布。

图7–28（A），因为这款上衣是无侧缝设计，所以前后片要放在一起立裁，如图所示。

图7–28（B），在四边加上2~3cm的余量。在侧缝的位置定出袖窿弧线高，即胸围线和袖窿线之间的距离，画出线段。

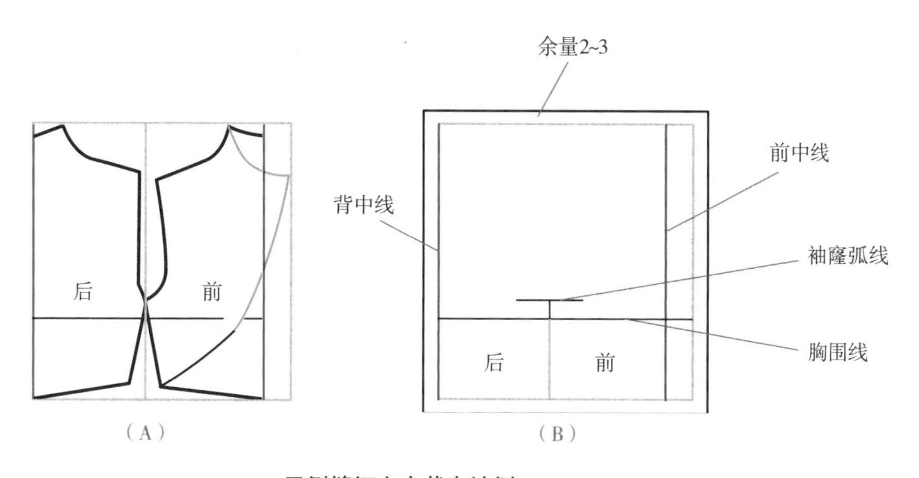

无侧缝短上衣裁布计划

图 7–28

如图7–29所示，重新在布上画出前后片，注意布丝缕的方向（经纬纱方向）。

在后衣片加上主要的结构线（后中线和胸围线），必须与人体模型标线吻合。其他的结构线稍后再根据标线画出。

为了方便工作，我们要分开前后衣片。从衣片上边缘剪开，直到袖窿线，如图7-29所示。

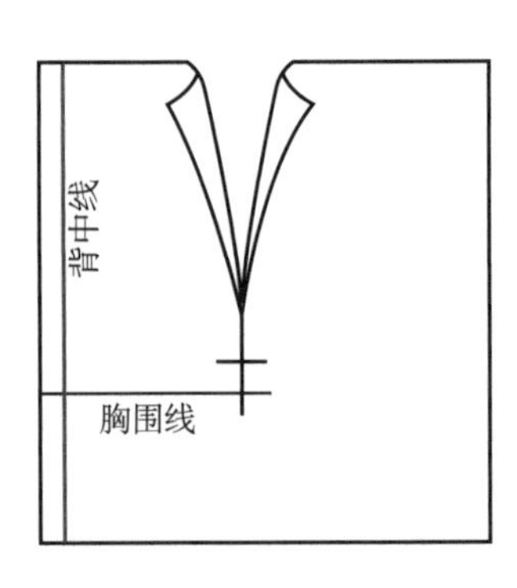

无侧缝短上衣裁布计划

图 7-29

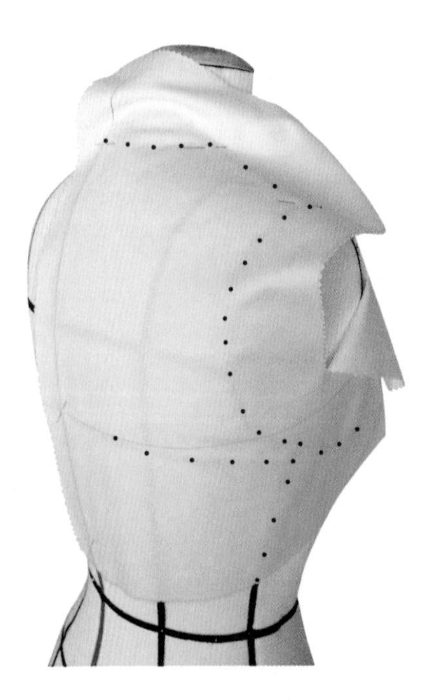

图 7-30

立裁步骤

从人体模型后背的右半边开始操作。注意所画结构线要与人体模型标线相吻合（图7－30）。

沿着背中线，在胸围线和领口两处固定大头针。

从背中线向前片抚平衣片，在侧缝固定衣片，然后沿着肩线，在袖窿和领口两处用大头针固定。

然后，用点描出领口、肩线、袖窿、胸围线和侧缝。

将衣片从人体模型上取下、放平。

用直尺和曲线板按照衣片上的描点，画出后片轮廓线。

在领口上画出立领（参见第90页）。

沿着轮廓线剪下后片的上半部分，直到侧缝的位置。留出2cm的余量（图7－31）。

图 7–31

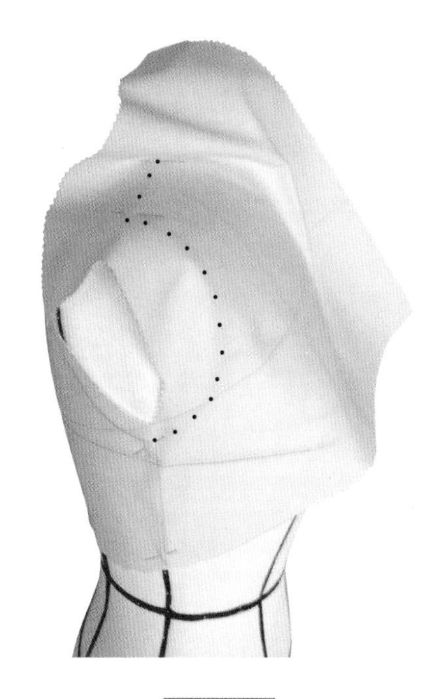

图 7–32

然后将完成一半的衣片放回人体模型，开始做前片。

抚平衣片，并且用大头针固定肩线。

用点描出袖窿和肩线（图7–32）。

将衣片取下，制作步骤与后片相同，将描点连起，画出轮廓。

沿着领口线，画出立领（参见第89页）。

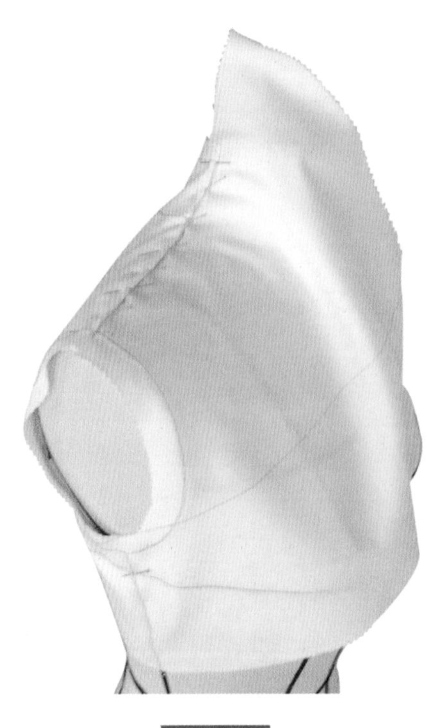

沿着肩线和领线，将前后片拼合在一起。

重新把衣片放回人体模型上，最后完成前衣片和领子（驳领）的制作。

翻折前片的驳领，根据款式需要，画出驳领形状，定出衣长（图7－33）。

图 7-33

如图7-34所示，完成后的翻驳领短上衣。

我们可以用一片布做出整件衣服，只要以后中为对折线，剪出对称的另一半即可。

袖子可以是直袖或者是喇叭袖，参见第109页和第119页的制作步骤。

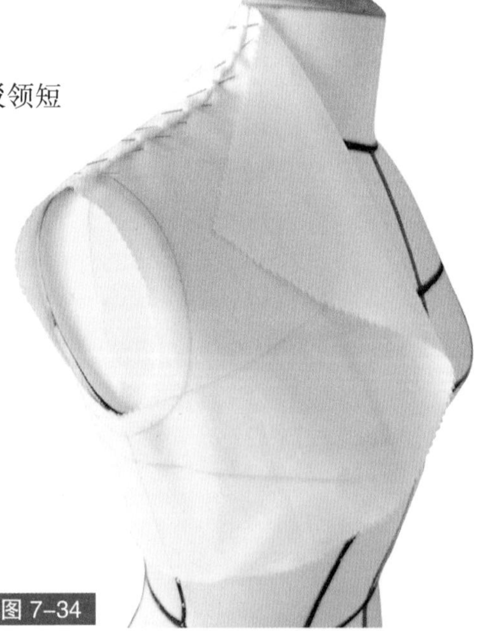

图 7-34

从人体模型上将衣片取下，并拿掉所有的大头针。如有必要，低温熨烫。

重新画出驳领的形状以及上衣的衣摆。

在衣片净样板的基础上，四边加上适当的缝份余量，然后沿外轮廓线剪下（图7-35）。

不要忘记加上领口的对位刀口。

建议大家用透明拷贝纸，将衣片样板复制到样板纸上。事实上，纸样板更加容易保存，而且没有样板变形的风险。

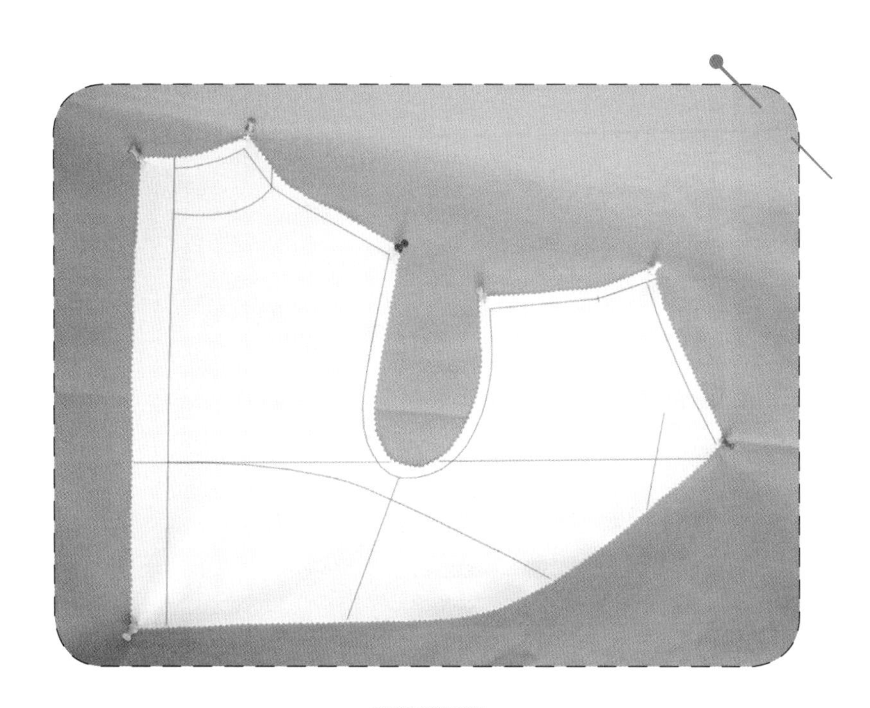

图 7-35

有公主线上衣

款式5

六片A型裙做法见第142页
直袖做法见第109页

款式结构图

在结构图（图7–36）上标明衣长和前后片宽……然后定出裁布计划。

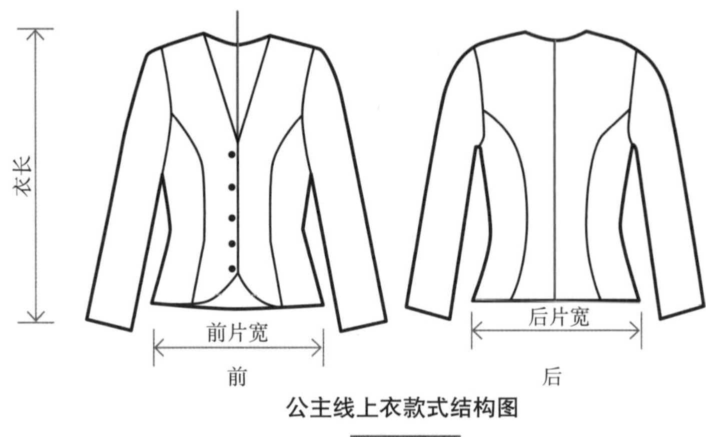

公主线上衣款式结构图

图 7–36

前片裁布计划

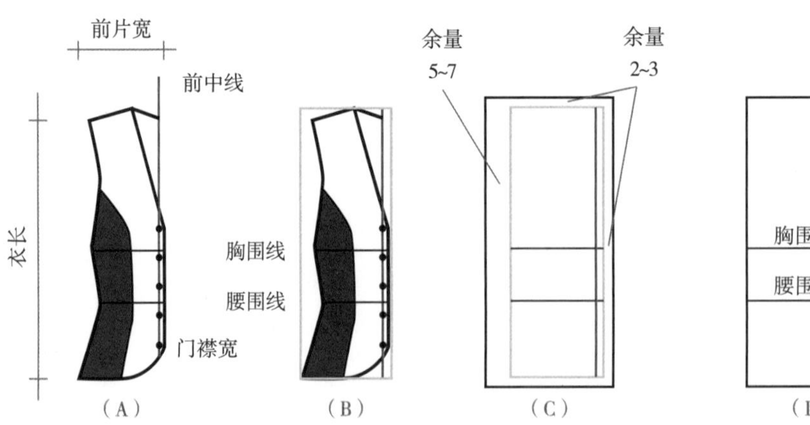

前片裁布计划

图 7–37

图7－37（A），此款上衣带公主线分割。公主线由袖窿省和腰省连在一起而构造成（参见第52页）。

在立裁时，可以将这两个省道分开制作。为了节省时间和布料，在人体模型上标出分割线的位置。

画出一半前片（不包括袖子），标明衣长、前片宽、门襟宽。

图7－37（B），画出立裁用布（绿线）。

图7－37（C），在上边线、前中线和底边各加2~3cm的余量。因为有公主线分割，前片由两部分构成，所以要多加些余量，侧缝处余量5~7cm（两片之间的缝份要计算在内）。

图7－37（D），重新画一遍加了余量的长方形，注明主要结构线：前中线、胸围线和腰围线。

后片裁布计划

后片的裁布方法与前片相同（图7–38）。

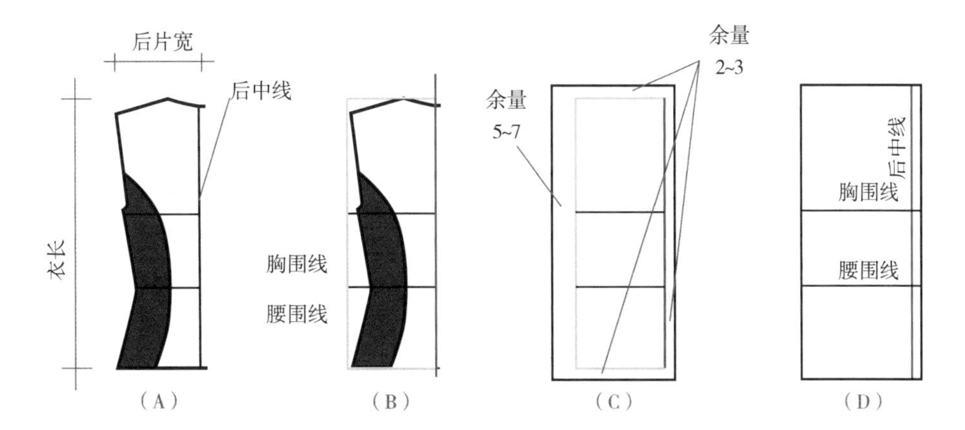

后片裁布计划

图 7–38

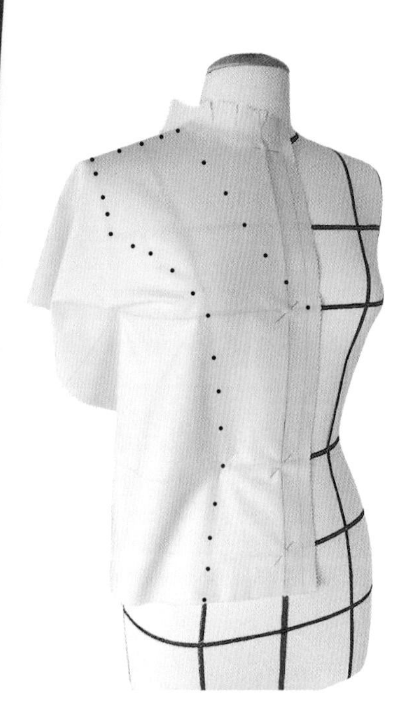

图 7-39

前片立裁步骤

将布片放在人体模型右半边。沿着前中线用大头针固定。注意布片上所画的结构线与人体模型标线要吻合。

从前中线向袖窿方向抚平衣片，让胸围线以上部分贴合人体模型。

用大头针别出肩线以及胸宽线以上的袖窿。

然后，根据人体模型标线，定出胸围线以下的分割线位置。

确定前领深，用点描出领口、肩线、胸宽线以上的袖窿。然后，经过胸高点，画出分割线（图7-39）。

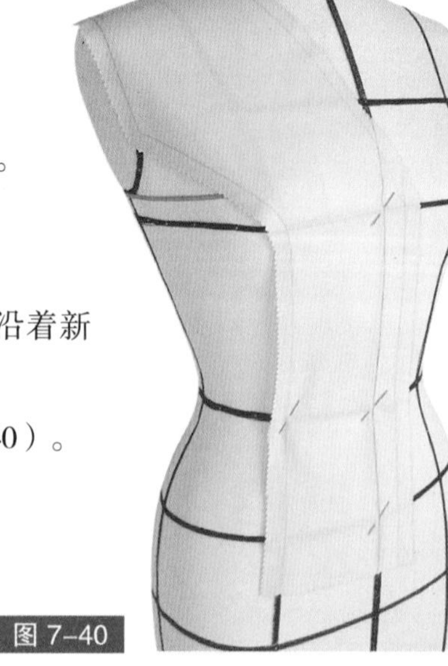

图 7-40

将衣片从人体模型上取下、放平。如有必要，低温熨烫。

沿着描点，画出轮廓线。

在四边加上2cm的余量，然后，沿着新的轮廓线将衣片剪下。

将衣片重新放回人体模型（图7-40）。

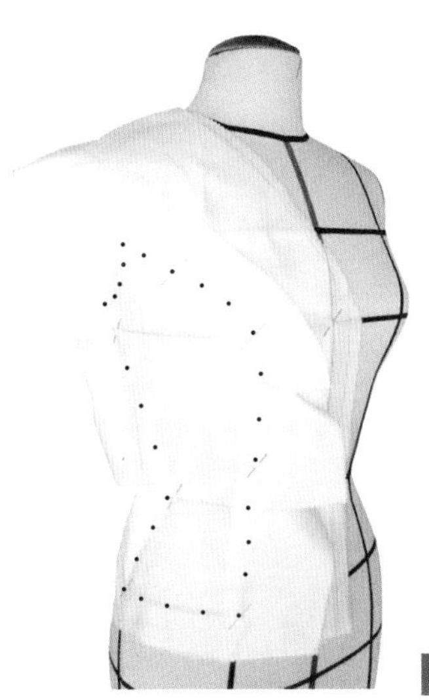

图 7–41

将侧片也固定在人体模型上，注意胸围线和腰围线要与人体模型标线吻合。

为了正确固定，需在衣片上标明对位刀口。

然后根据人体模型标线，用点描出分割线、袖窿弧线和侧缝线（图7 – 41）。

将衣片从人体模型上取下，如有必要，低温熨烫。

用直尺和曲线板画出侧片的轮廓线。

在四边加上1~2cm的缝份，然后沿着新的轮廓线剪下。

将前片和侧片拼合在一起。

将衣片放回人体模型，定出衣长（图7–42）。

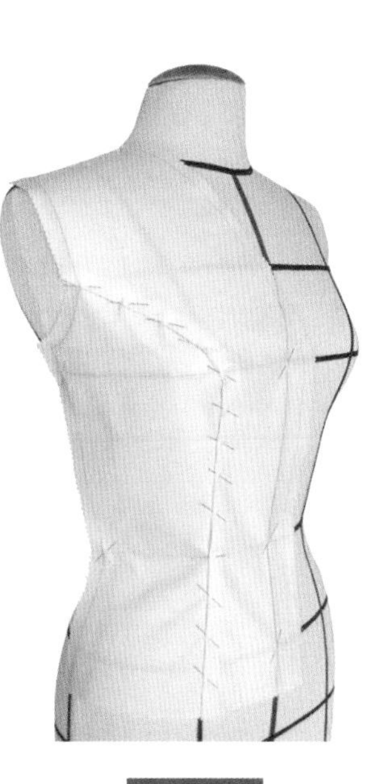

图 7–42

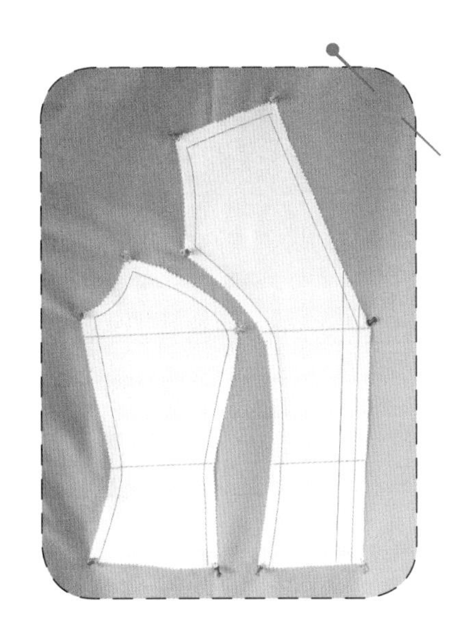

图 7–43

前衣片样板

建议大家用透明拷贝纸，将前衣片样板复制到样板纸上（图7 – 43）。事实上，纸样板更加容易保存，而且没有样板变形的风险。

侧开省衬衫

款式6

泡泡袖做法见第114页
无省A型裙做法见第138页
平领做法见第95页

款式结构图

在结构图（图7-44）上注明必要的尺寸，如衣长、胸围、省位……定出裁布计划。

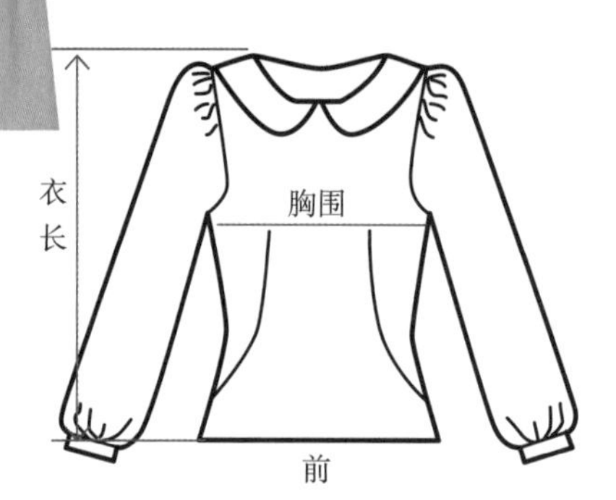

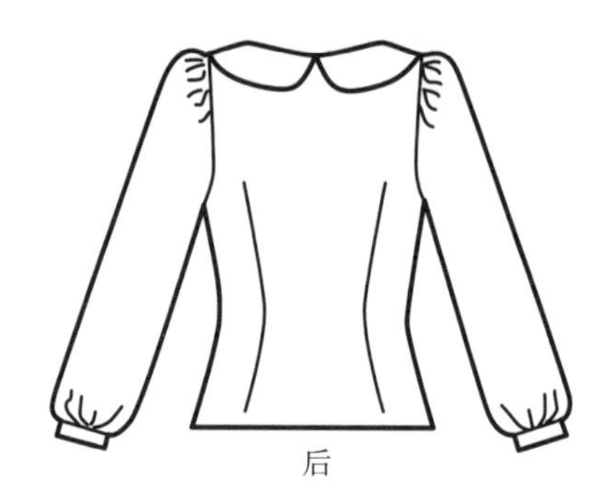

侧开省衬衫款式结构图

图 7-44

前片裁布计划

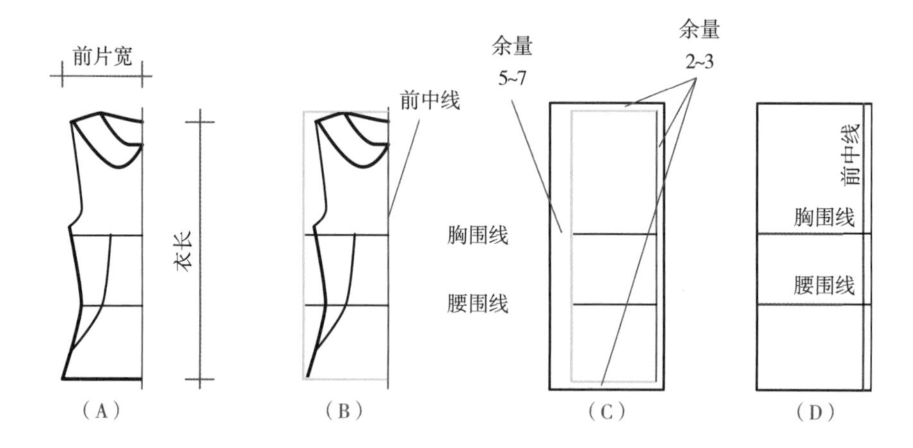

前片裁布计划

图 7-45

图7–45（A），根据衣长和前片宽，画出右前片，袖子不包括在内。

图7–45（B），画出立裁用布（绿线）。

图7–45（C），在底边、上边线和前中线处加上2~3cm的余量，在侧缝加上5~7cm的余量。

图7–45（D），重画加了余量的长方形，标明主要的结构线：前中线（红线）、胸围线（黑线）和腰围线（黑线）。注意要与人体模型标线吻合。

后片裁布计划

图7–46（A），与前片的方法相同，画出一半后片（右半边），标明衣长和后片宽。

图7–46（B），画出立裁用布（绿线）。

图7–46（C），在四边加上2~3cm的余量。

图7–46（D），重画加了余量的长方形，标明主要的结构线：胸围线（黑线）、腰围线（黑线）和后中线（红线）。

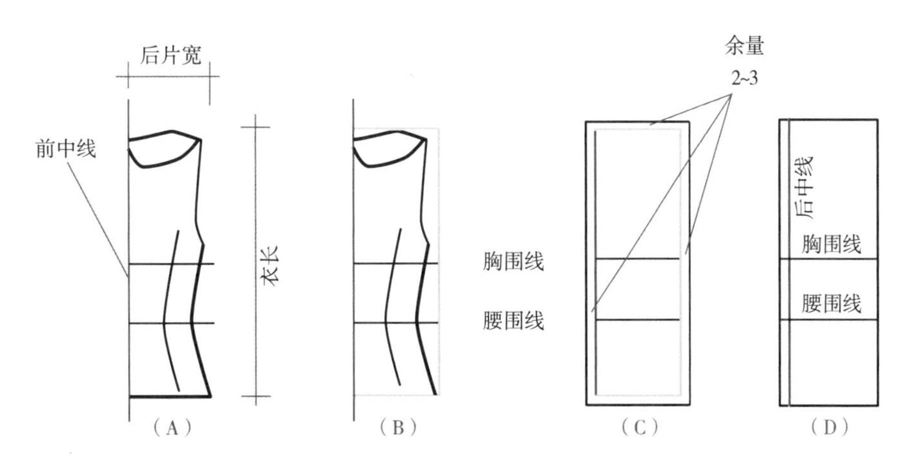

后片裁布计划

图 7–46

前片立裁步骤

将衣片放在人体模型的右半边，注意所画的结构线与人体模型标线要吻合。沿着前中线，用大头针固定衣片。

为了让领口贴合，要剪开足够深的刀口。

由前中向下抚平衣片，并捏出腰省，用大头针固定腰围线。

用点描出腰省的形状（图7–47）。

根据描点，将布剪开至胸围线下10cm的位置（图7–48）。

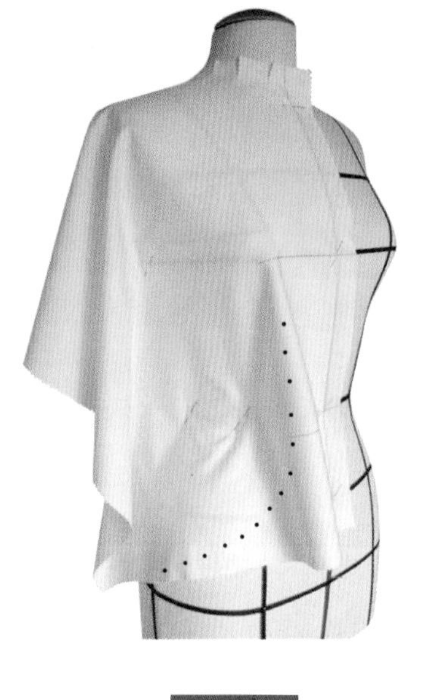

图 7–47

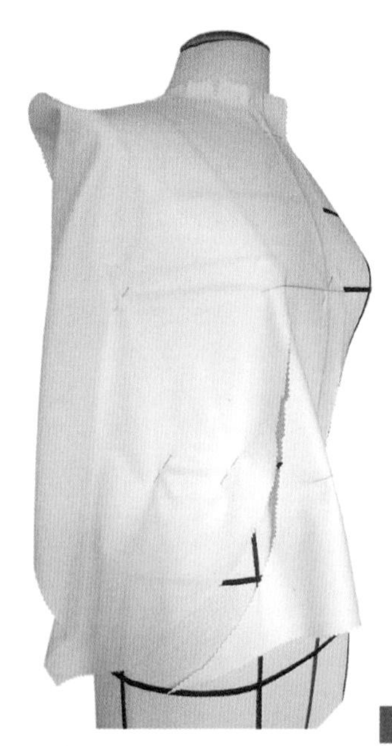

图 7–48

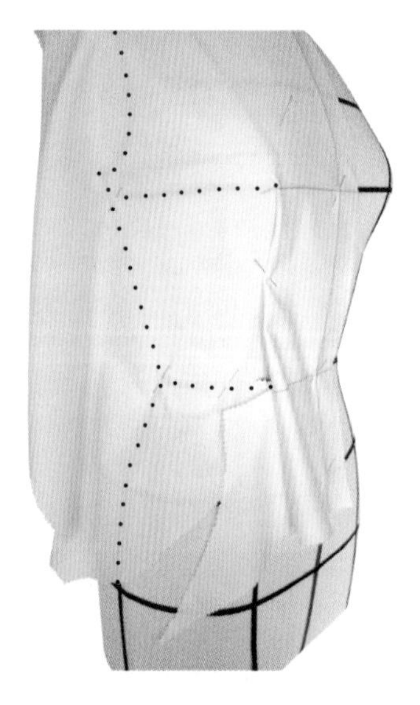

图 7–49

为了做腰省，需在腰围线处打上对位刀口（图7–49）。

用大头针别出腰省的形状。

定出前领的形状和领深（图7–50）。

用点描出结构线：胸围线、腰围线、侧缝线、袖窿弧线、肩线和领深。

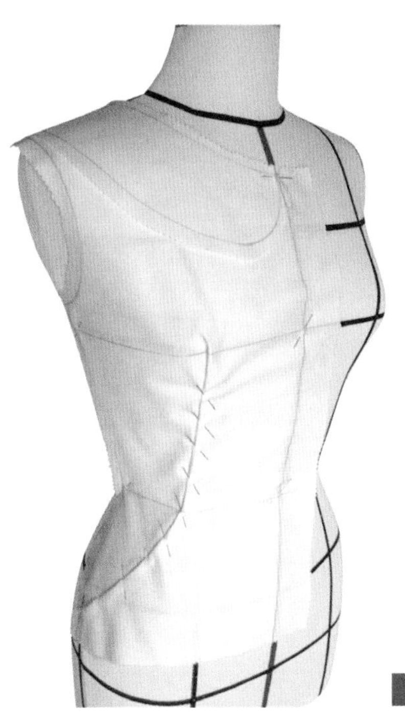

图 7-50

做后片的立裁，请参见第40页。

同时，参见第95页，画出平领。

如图7-50所示，将完成的前衣片放回人体模型上。

前衣片样板

从人体模型上将衣片取下，并拿掉大头针。如有必要，低温熨烫。

按照描点，用直尺和曲线板重新画出轮廓线。

在净样板的基础上，四边加上适当的缝份，沿外轮廓线剪下（图7-51）。

建议大家用透明拷贝纸，将前衣片样板复制到样板纸上。事实上，纸样板更加容易保存，而且没有样板变形的风险。

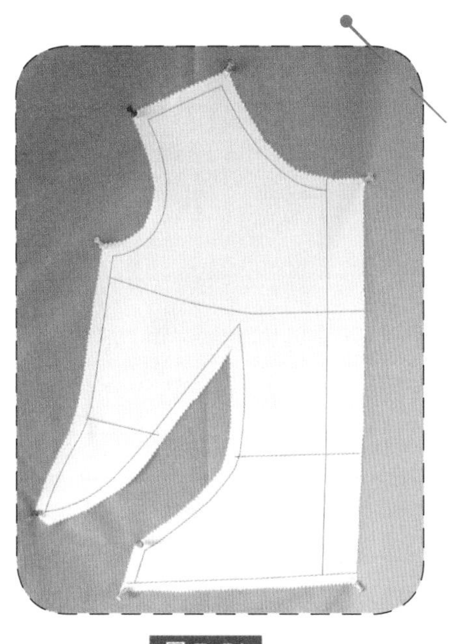

图 7-51

荷叶边上衣

款式7

直裙做法见第132页
蝴蝶袖做法见第121页

款式结构图

在结构图（图7-52）上标明必要的尺寸：衣长和前片宽……

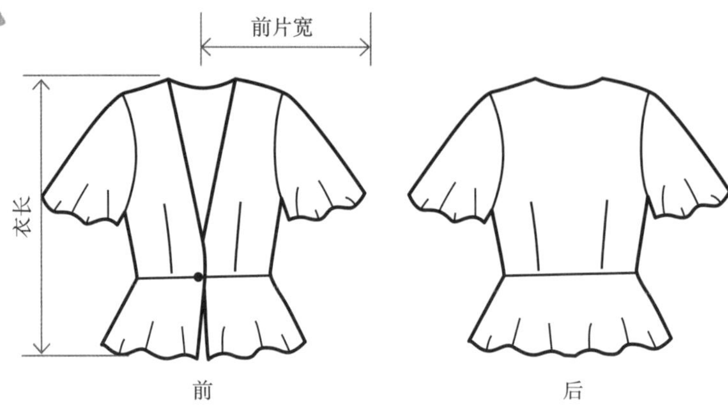

荷叶边上衣款式结构图

图 7-52

前片裁布计划

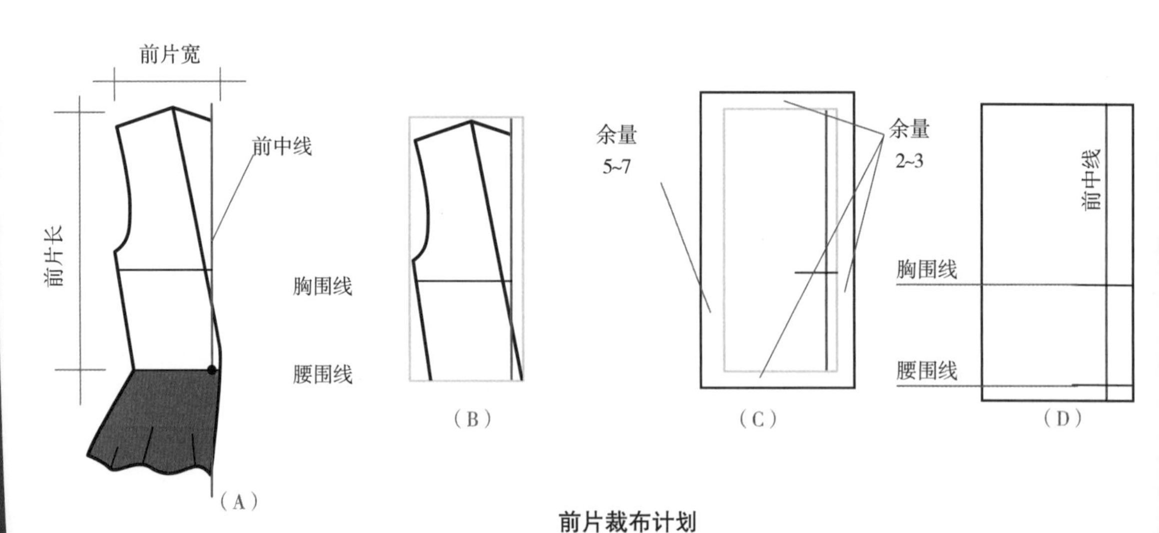

前片裁布计划

图 7-53

前片由两部分组成：带腰省的经典上衣和波浪形下摆［图7–53（A），紫色部分］。

做出上半部分的裁布计划。

图7–53（A），标明前片长（腰围线以上）和包括门襟在内的前片宽，门襟宽约为1.5cm，它取决于腰线处纽扣的大小。

图7–53（B），框出立裁用布（绿线）。

图7–53（C），在底边、上边线和前中线加上2~3cm的余量，在侧缝加上5~7cm余量。

图7–53（D），重新画出加了余量的长方形，标明主要的结构线：前中线（红线）、胸围线（黑线）和腰围线（黑线）。注意所画的线与人体模型标线吻合。

后片裁布计划

后片的裁布方法与前片完全相同（图7–54）。

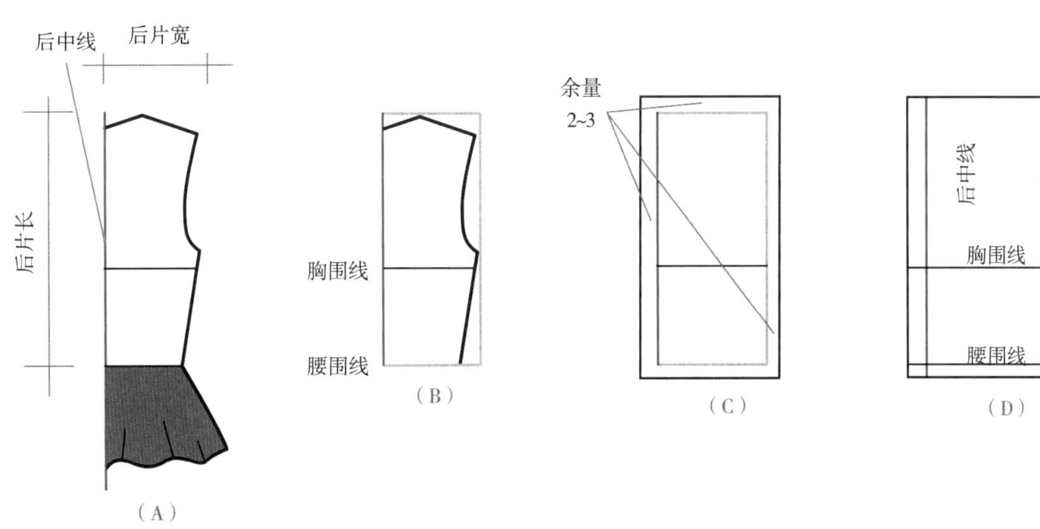

后片裁布计划

图 7–54

波浪形下摆裁布计划

下摆波浪量的大小，取决于扇形样板弧度的大小。

弧度越大，下摆波浪的量越大：如图7-55所示，绿色表示较大的弧度，紫色表示较小的弧度。

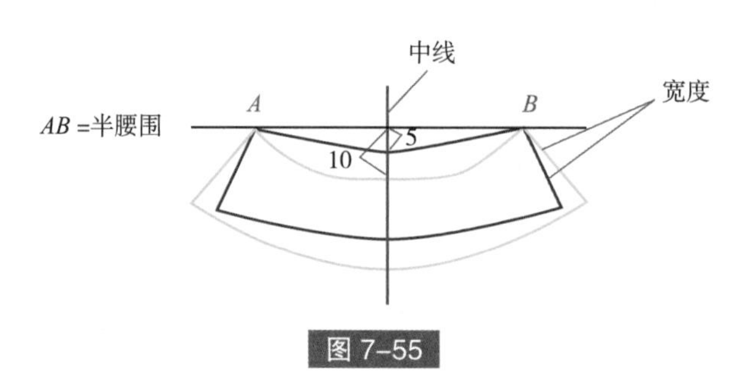

图 7-55

画出一条水平线，定出A和B两点，两点间距离等于半腰围。然后，找到AB线的中点，画出垂直线。

在中线上量出约5cm，连接AB两点画出弧线（图7-55，紫线）。

画出第二条平行的弧线（波浪形下摆的底边），两条弧线的间距依据款式而定。

为了让衣下摆的波浪更加明显，可以加大扇形的弧度，如10cm（图7-55，绿线）。

对于不同弧度的两种下摆造型，都准备出立裁用布，稍后在人体模型上试样时，可以比较效果。

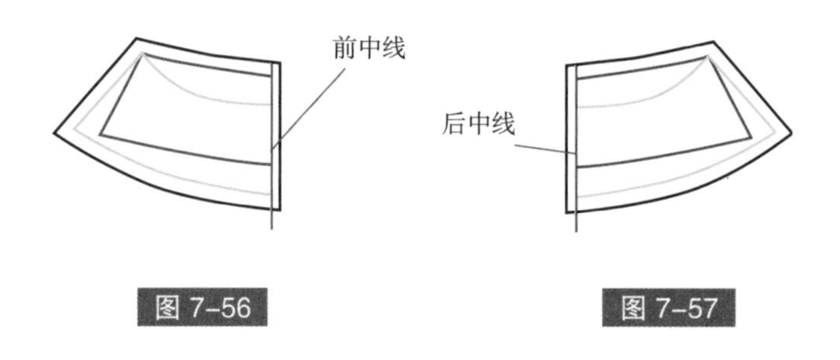

图 7-56　　图 7-57

因为是对称的款式，所以不需要做出完整的下摆，只需要做出一半即可。将后中线和前中线视为连折线，框定半个前片和半个后片的用布。

布片四边加上2~3cm的余量（图7-56、图7-57）。

前片立裁步骤

将布片放在人体模型上，注意结构线与人体模型标线吻合：前中线、胸围线和腰围线。如图7-58所示，用大头针固定布片。

领口处为了能很好地贴合颈部，要剪开足够的刀口。

将胸围线以上的衣片抚平，得到腰省的位置和省量。在侧缝处用大头针固定衣片。

为了更好地调整腰省，需沿腰省的中线剪开，在腰线位置打上对位刀口。

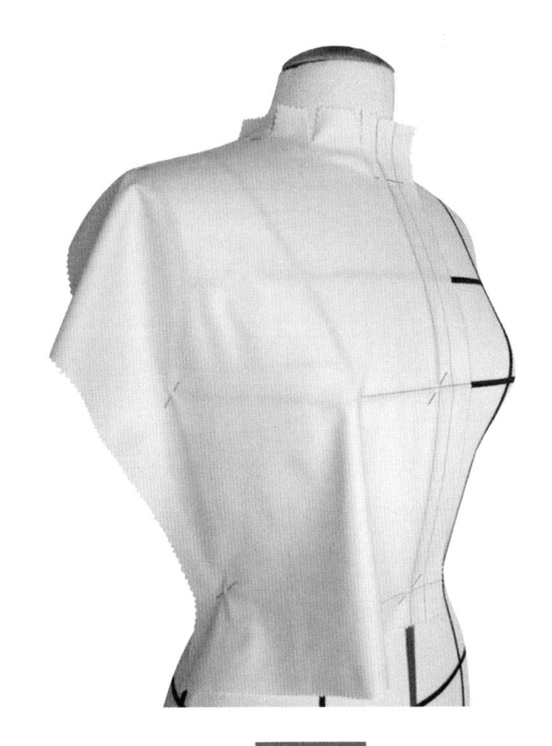

图 7-58

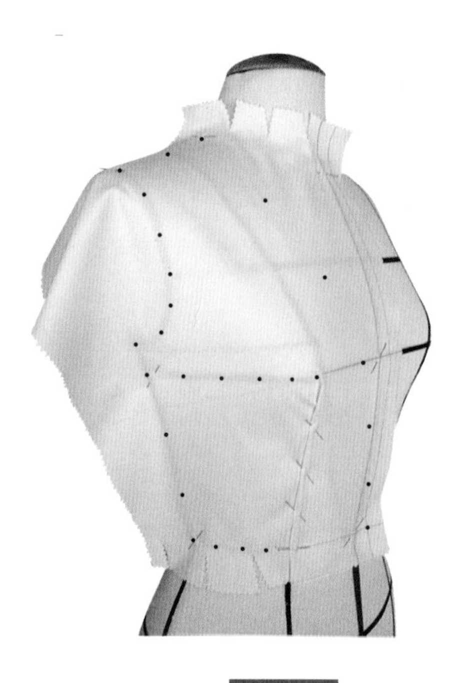

按照人体模型标线，用大头针固定衣片。

用点描出胸围线、腰围线、侧缝线、袖窿弧线、肩线。

描出前领深至腰线，门襟宽约2cm，门襟的宽窄取决于纽扣的大小（图7-59）。

图 7-59

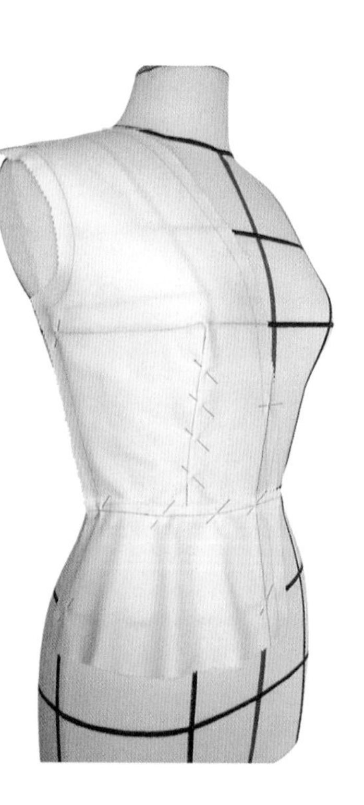

将衣片从人体模型上取下，拿走大头针，放平，如有必要，低温熨烫。

用直尺和曲线板画出主要结构线。

重新将衣片放回人体模型，然后在腰围线位置用大头针固定（图7-60）。

调整下摆波浪的造型。注意，前中线和后中线必须均是垂直的。

图 7-60

前衣片样板

在净样板的基础上，四边加上1cm的缝份余量，沿外轮廓线剪下衣片样板（图7–61）。

建议大家用透明拷贝纸，将衣片样板复制到样板纸上。事实上，纸样板更加容易保存，而且没有样板变形的风险。

图 7–61

双排扣上衣

款式8

直裙做法见第132页
直袖做法见第109页

款式结构图

此款上衣的设计为通天省、开袋、双排扣和V型领。

在结构图（图7-62）上标明必要的尺寸，然后做出裁布计划。

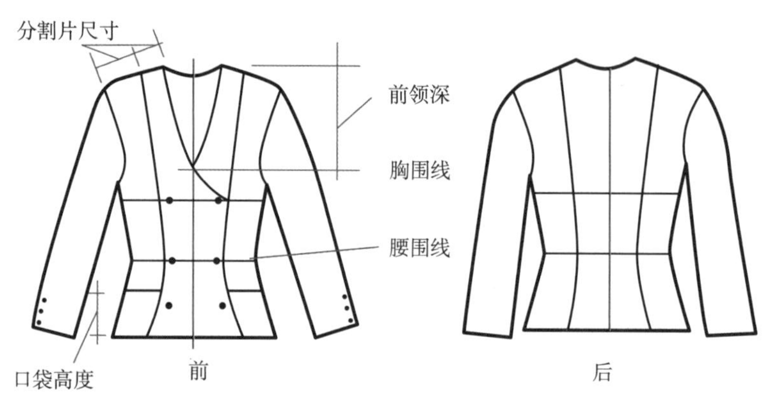

双排扣上衣款式结构图

图 7-62

前片裁布计划

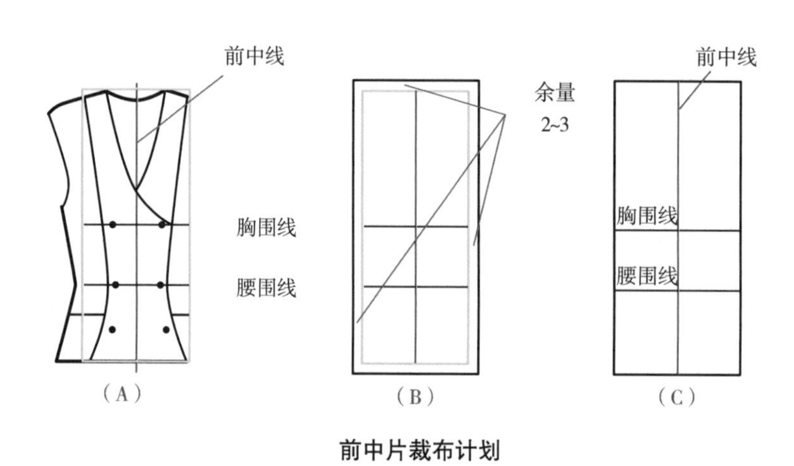

前中片裁布计划

图 7-63

图7–63（A），由肩省和腰省构成通天省，将前衣片分为两部分。框定前中衣片的立裁用布（绿线）。

图7–63（B），在四边加上2~3cm的余量。

图7–63（C），重画加了余量的长方形，标明主要的结构线：前中线（红线）、胸围线（黑线）和腰围线（黑线）。

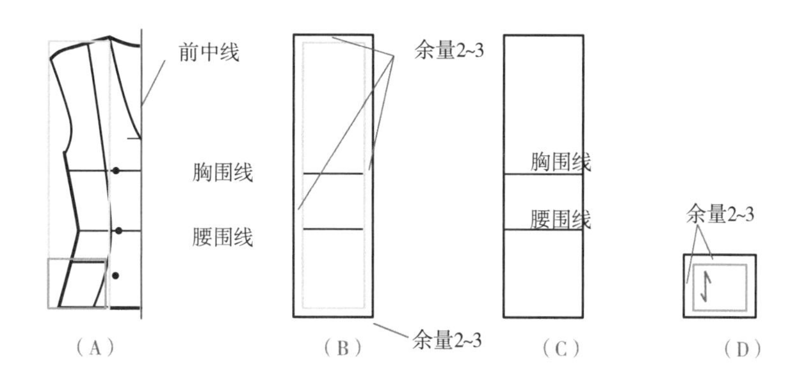

前侧片裁布计划

图 7–64

图7–64（A），与前中衣片相同的方法，框定侧衣片的立裁用布（绿线）。插袋开在省道上，要预留出口袋布。

图7–64（B），在四边加上2~3cm的余量。

图 7–64（C），重画加了余量的长方形，标明主要的结构线：胸围线和腰围线。

图7–64（D），在口袋布的上边线、侧边线加2~3cm的余量。

后片裁布计划

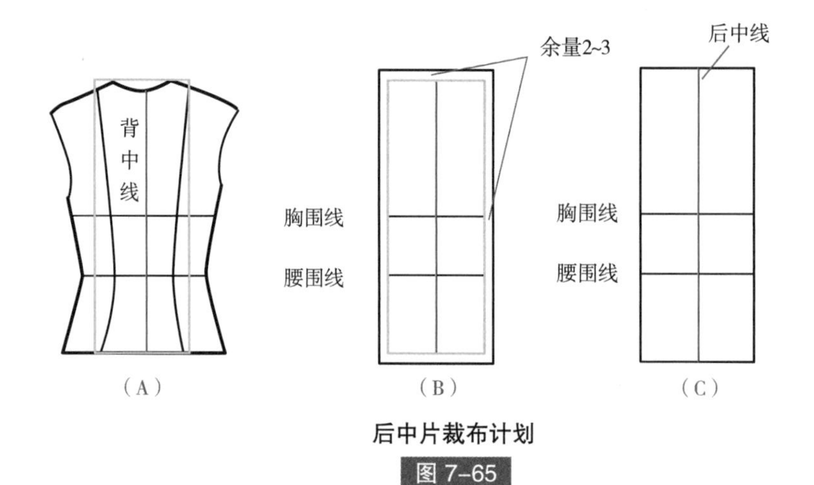

后中片裁布计划

图 7-65

图7-65（A），由肩省和腰省构成通天省，将后衣片分为两部分。框定背中片的立裁用布（绿线）。

图7-65（B），在四边加上2~3cm的余量。

图7-65（C），重画加了余量的长方形，标明主要的结构线：后中线（红线）、胸围线（黑线）和腰围线（黑线）。

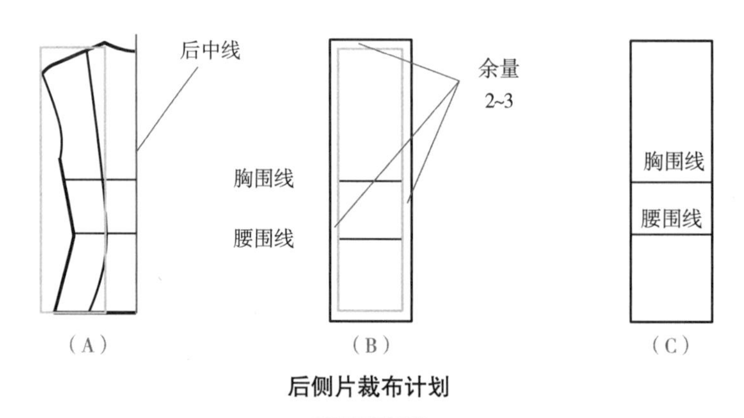

后侧片裁布计划

图 7-66

图7-66（A），框定后侧片的立裁用布（绿线）。

图7-66（B），在四边加上2~3cm的余量。

图7-66（C），重画加了余量的长方形，标明主要的结构线：胸围线和腰围线。

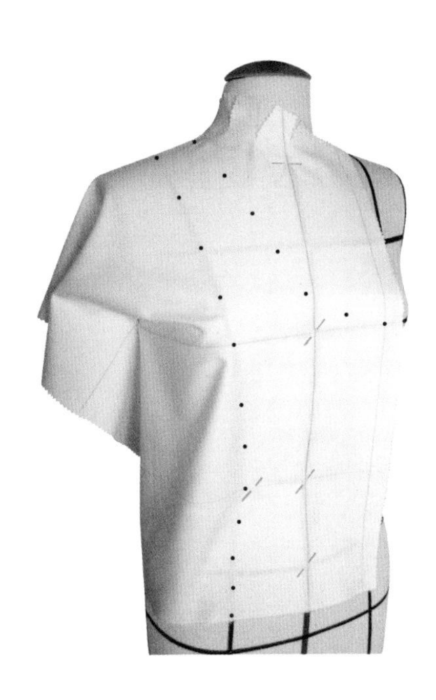

图 7–67

前片立裁步骤

将衣片放在人体模型的右边。

如图 7–67 所示，用大头针固定主要结构线：前中线、胸围线和腰围线。

从前中线往袖窿方向抚平胸线以上的衣片，用同样的手势，将腰线处的衣片抚平至省道位置。然后用大头针固定。

定出前领深。注意，门襟的宽度不能大于半乳间距。

然后用点描出前领、肩线以及省道。

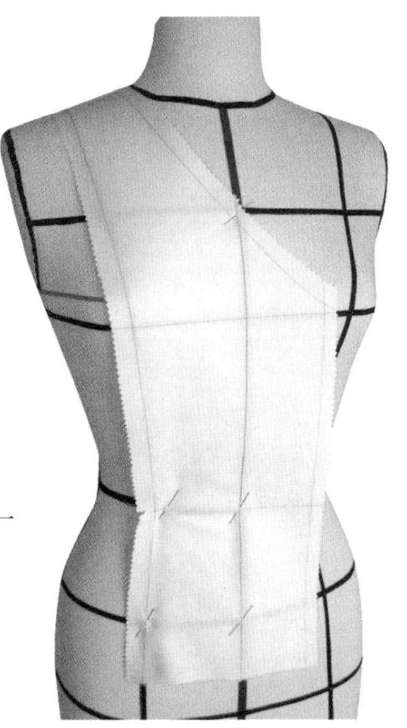

图 7–68

将衣片从人体模型上取下，拿走大头针，放平，如有必要，低温熨烫。

按照描点，画出前中片轮廓。

在四边加上1cm的缝份，然后剪下。

重新将衣片放回人体模型，进行下一步（图7–68）。

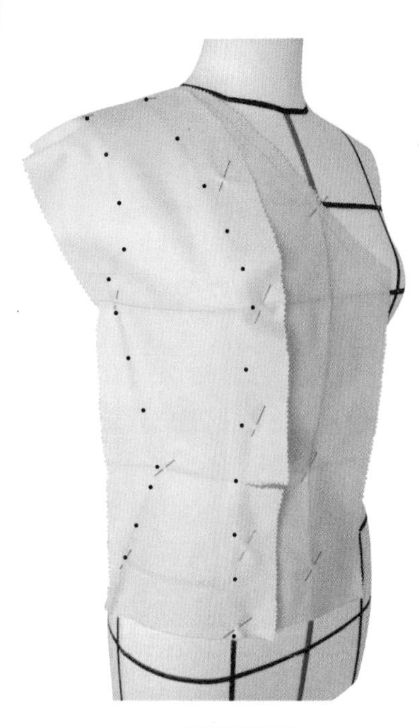

图 7-69

将准备好的侧片也固定在人体模型上，注意胸围线和腰围线与人体模型标线吻合（图7-69）。

为了拼合两片时更加正确，在腰线位置先打上对位刀口。

用点描出省道分割线，然后是肩线、袖窿弧线、侧缝线。

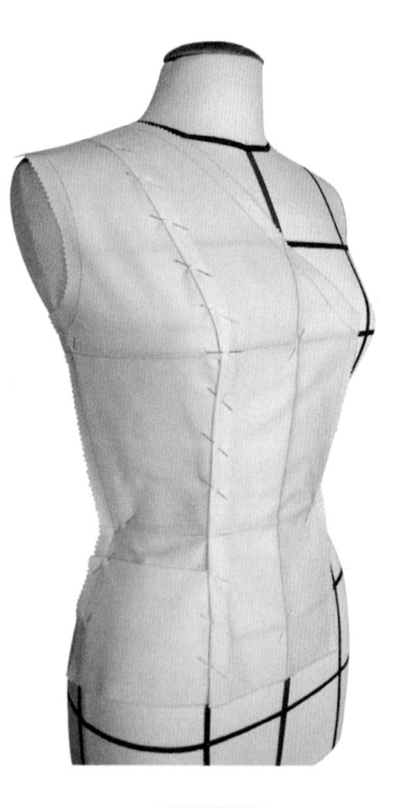

图 7-70

将衣片从人体模型上取下，拿走大头针，放平。如有必要，低温熨烫。

用直尺和曲线板，按照描点，画出侧片的轮廓。

在四边加上1cm的缝份，然后剪下。

沿着通天省，将前中片和侧片用大头针拼合。

重新将衣片放回人体模型，调整衣长（图7-70）。

前衣片样板在净样板的基础上，四边加上1cm的缝份余量，然后沿外轮廓线剪下（图7–71）。

后衣片的立裁方法与前衣片相同，先完成后中片，然后是侧片。

建议大家用透明拷贝纸，将衣片样板复制到样板纸上。事实上，纸样板更加容易保存，而且没有样板变形的风险。

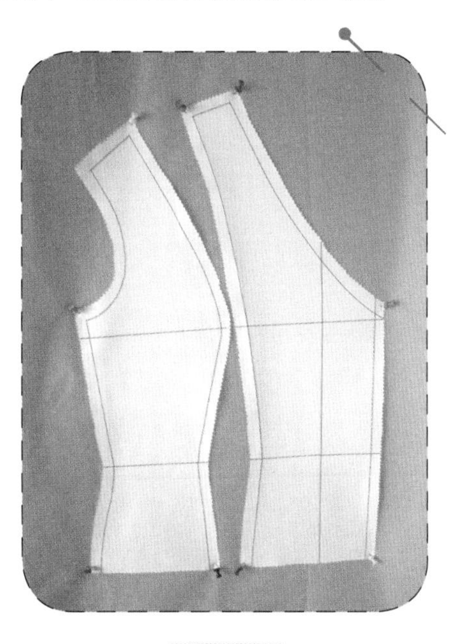

图 7–71

口袋

准备口袋布。 先定出口袋的深度，在袋口位置加上2~3cm，两边加上1cm的缝份，然后沿线剪下（图7–72）。

口袋的一边固定在侧缝处，另一边固定在省道位置。

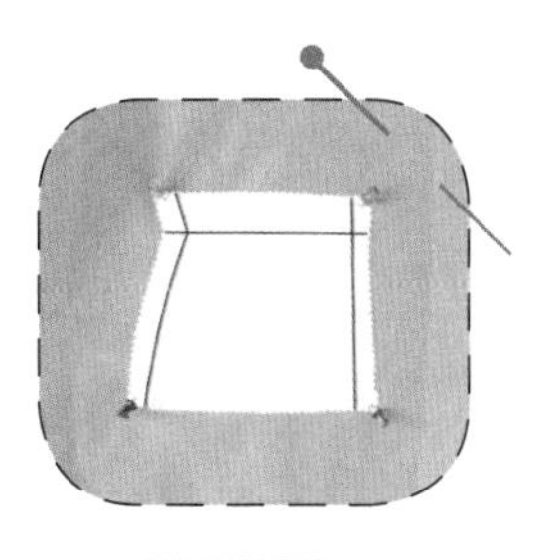

图 7–72

带育克连衣裙

款式9

直袖做法见第109页
半圆裙(180°)做法见第157页

款式结构图

这款连衣裙由两个部分构成：上衣和裙子。

为了在款式结构图上很好地区分几个部分，我们采用不同的颜色表示（图7–73），并为每一部分分别准备立裁用布。

同时，清楚地标注必要的尺寸。

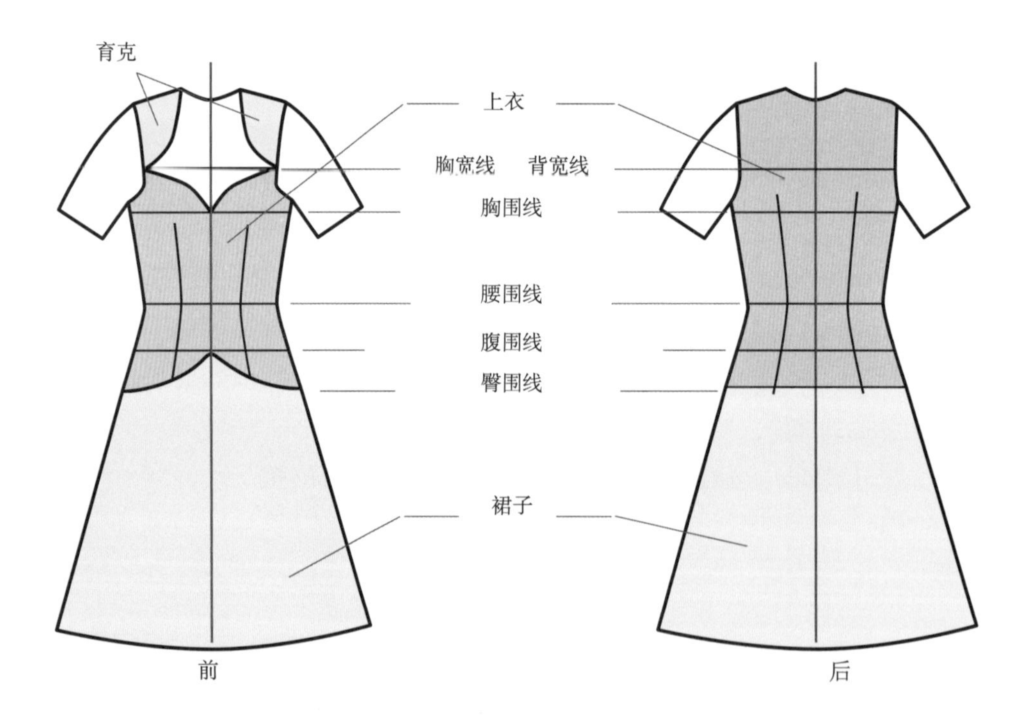

连衣裙款式结构图

图 7–73

前衣片裁布计划

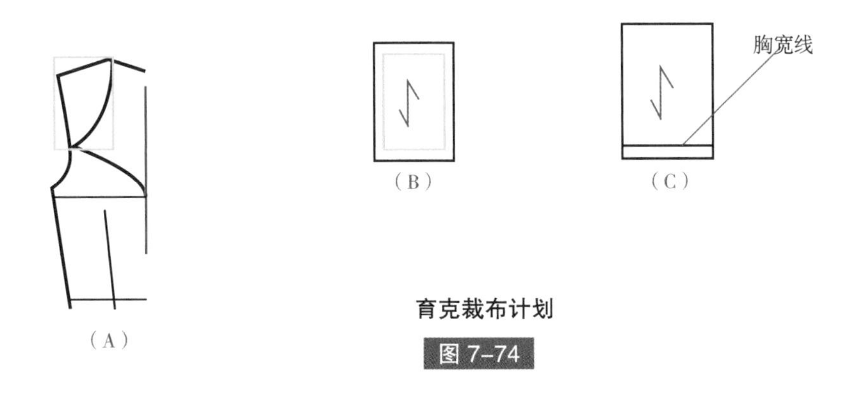

育克裁布计划

图 7–74

图7–74（A），根据款式图所给出的尺寸，框定所需的立裁用布。

图7–74（B），在四边加上2~3cm的余量。

图7–74（C），在坯布上画出加了余量的长方形，标明布的丝缕方向和胸宽线，以便在人体模型上定位。

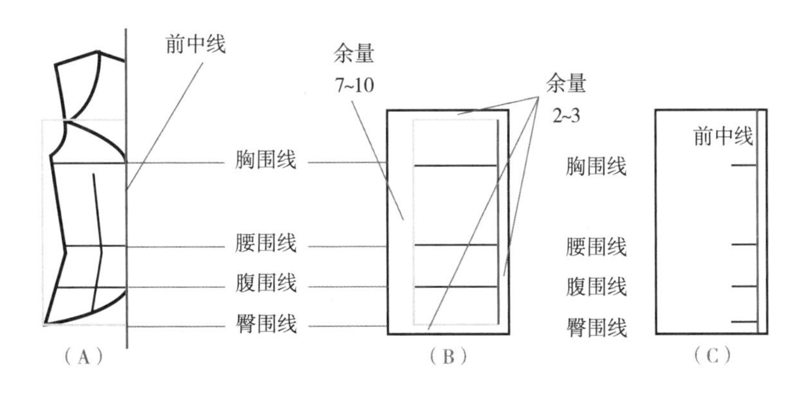

衣片裁布计划

图 7–75

图7–75（A），从胸宽线量至臀围线，框定上衣所需的立裁用布（绿色）。

图7–75（B），在底边、上边线和前中线处各加放2~3cm的余量，侧缝处加放7~10cm的余量。

图 7–75（C），在坯布上画出加了余量的长方形，标明主要的结构线：用红线画出前中线，然后用黑线画出胸围线、腰围线、腹围线和臀围线。乳间距暂时不用定，将在立裁过程中完成。

后衣片裁布计划

图 7–76（A），框定后衣片右侧所需的立裁用布（绿色）。

图 7–76（B），在四边加上 2~3cm 的余量。

图 7–76（C），在坯布上画出加了余量的长方形，标明主要的结构线：后中线（红线）、胸围线（黑线）、腰围线（黑线）、腹围线（黑线）和臀围线（黑线）。

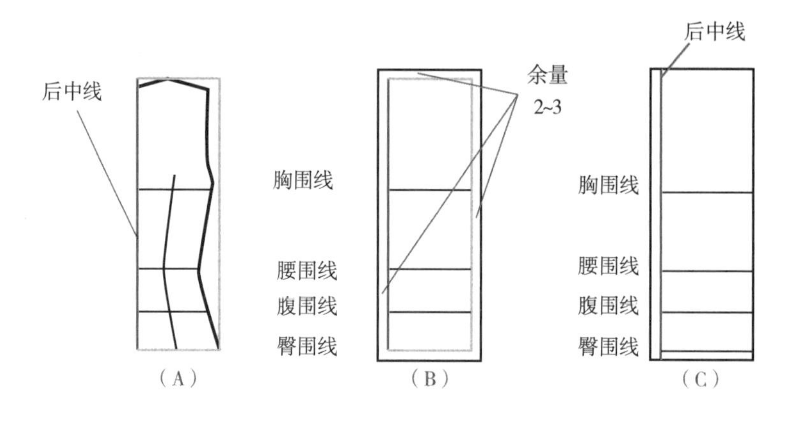

后衣片裁布计划

图 7–76

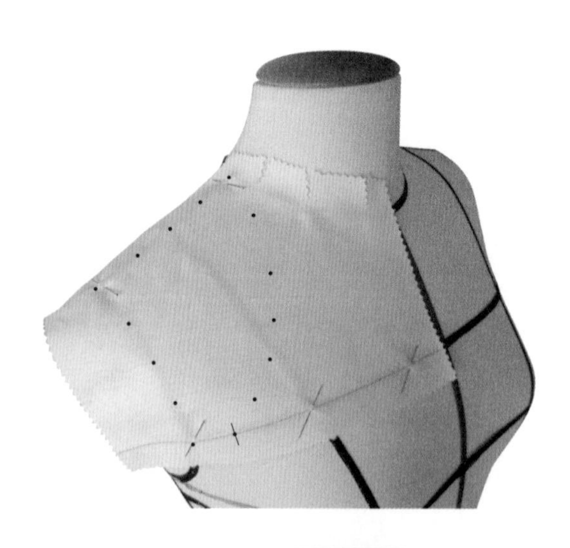

图 7–77

前片立裁步骤

将前片育克置于人体模型的右半侧，注意胸宽线要与人体模型标线吻合。

根据喜好，用点描出前领的造型（图7–77）。

然后将上衣片部分用大头针固定在人体模型上。注意，所画结构线需与人体模型标线吻合（图7–78）

沿着侧缝，从袖窿向下抚平衣片，做出腰省。

在袖窿和腰线上各用一根大头针固定衣片。

为了更好地调节腰省，从腰省中线处垂直剪开，并且在腰线处打上对位刀口（图7–78）。

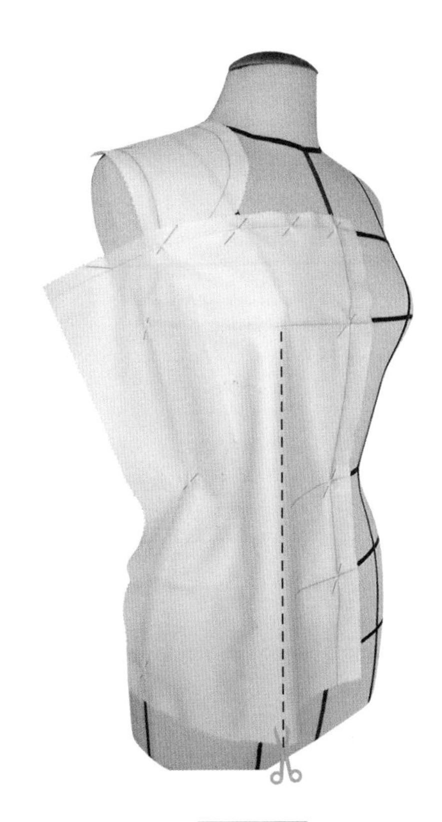

图 7–78

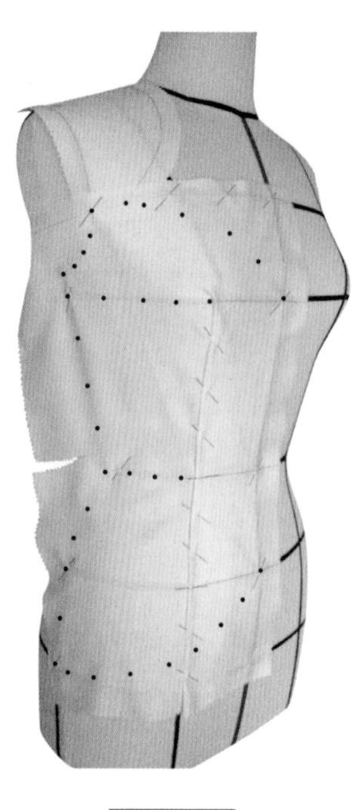

图 7-79

根据标线，用大头针别出腰省。

用点描出侧缝线，一部分的袖窿弧线、胸围线和腰围线（图7-79）。

定出前领造型和下摆造型（此款下摆弧线的前中位置比侧缝位置高10cm）。

将衣片从人体模型上取下，拿走大头针，放平，如有必要，低温熨烫。

用直尺和曲线板画出衣片轮廓线和结构线。

加上1~2cm的缝份，然后沿轮廓线剪下。

根据上衣的下摆弧线，作出半裙。注意前中线必须保持垂直（图7-80）。

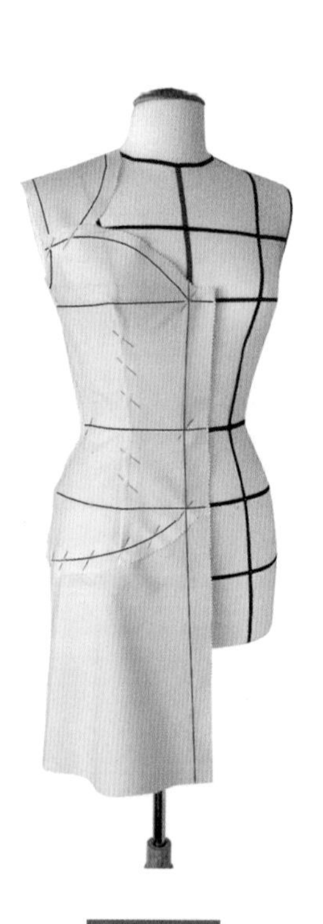

图 7-80

前片样板

建议大家用透明拷贝纸，将前片样板复制到样板纸上（图7-81、图7-82）。事实上，纸样板更加容易保存，而且没有样板变形的风险。

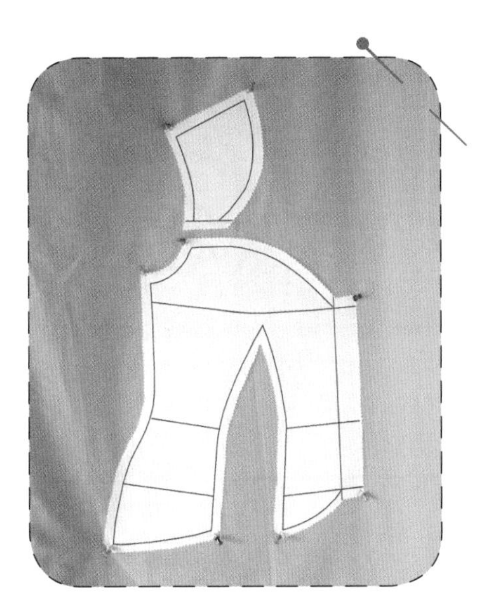

上衣样板

图 7-81

裙子样板

图 7-82

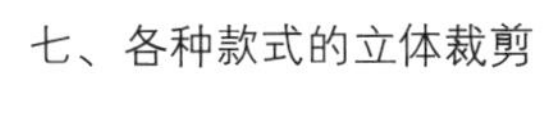

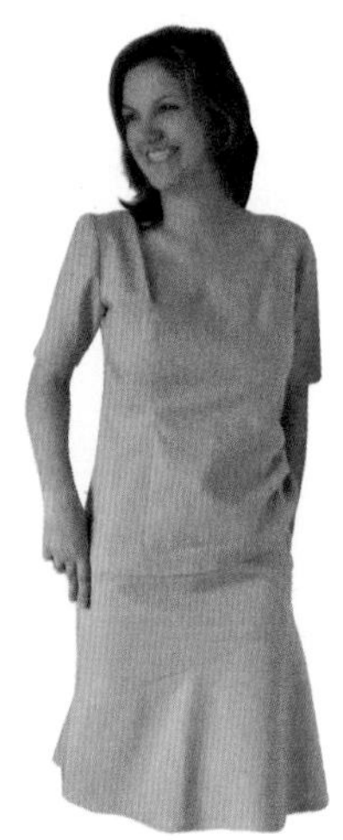

组合：裙和上衣

款式10

斜裁波浪裙做法见第159页
直袖做法见第109页

款式结构图

前片通天省将上衣分成两部分：前中片和侧片。由于领型是不对称的，所以要做出完整的前中片部分，侧片可以只做一边，另一边用透明拷贝纸复制即可。款式结构图如图7-83所示

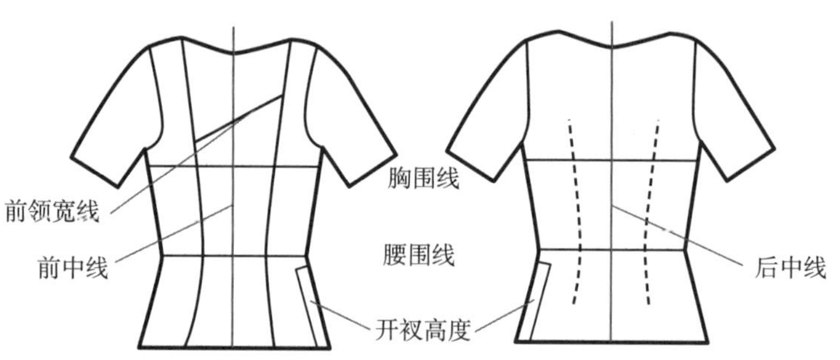

款式结构图

图 7-83

前片裁布计划

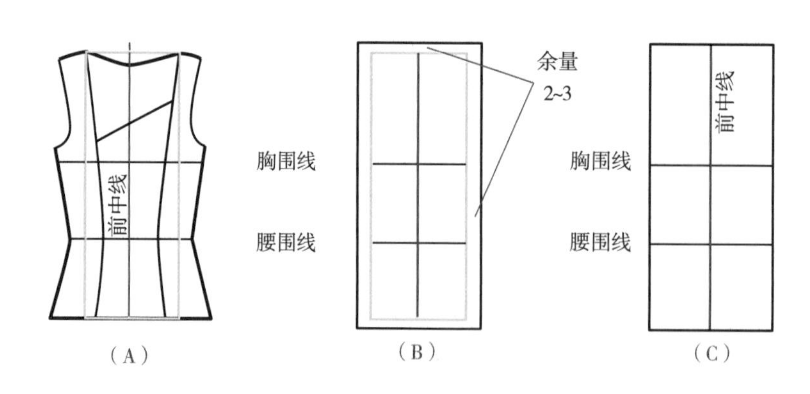

前中片裁布计划

图 7-84

图7–84（A），由于是通天省的设计，上衣裁布计划需要分成两部分来制作。所谓通天省，是将肩省和腰省连在一起的一种省道。

根据款式图所标明的尺寸，框定出前中片所需的立裁用布（绿线）。

图7–84（B），在四边加上2~3cm的余量。

图 7–84（C），重画一遍加了余量的长方形，标明主要的结构线：前中线（红线）、胸围线（黑线）和腰围线（黑线）。

图7–85（A），与制作前中片方法相同，根据所给尺寸，框定侧片

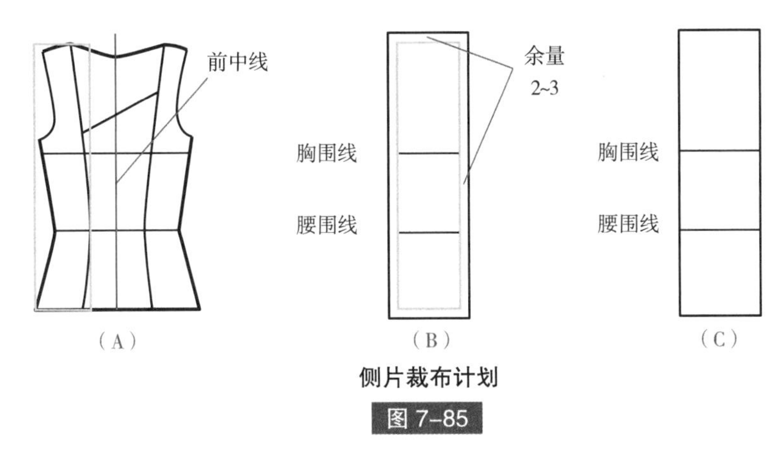

侧片裁布计划

图 7–85

所需的立裁用布（图7–85，绿线）。

图7–85（B），在四边加上2~3cm的余量。

图7–85（C），重画加了余量的长方形，标明胸围线和腰围线。

后片的裁布方法，请参见本书第40页。

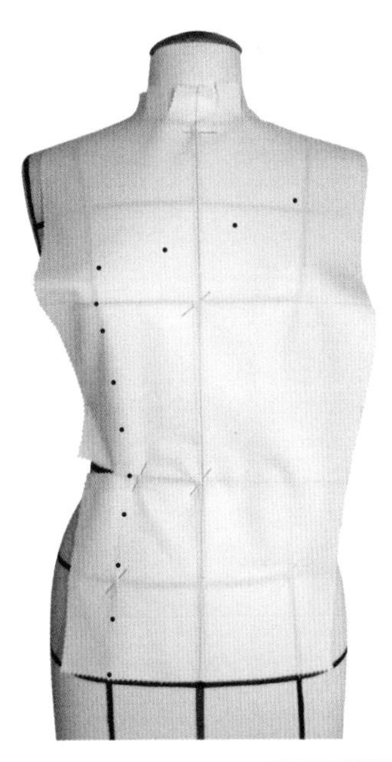
图 7–86

前片立裁步骤

将布片置于人体模型上，注意所画结构线要与人体模型标线吻合。如图7–86所示，用大头针固定。

抚平衣片的上半部分，在领口处打剪口，使其贴合人体模型颈部。

为了得到完全对称的省道，先在一边用点描出省道分割线，然后沿着前中线对折，复制另一边的省道。

最后，画出不对称的前领斜线，如图7–86所示。

将衣片从人体模型上取下，拿走大头针，放平，如有必要，低温熨烫。

用直尺和曲线板画出轮廓线。

加上约2cm的余量，然后沿轮廓线剪下。

将布片放回人体模型上，进行下一个立裁步骤（图7-87）。

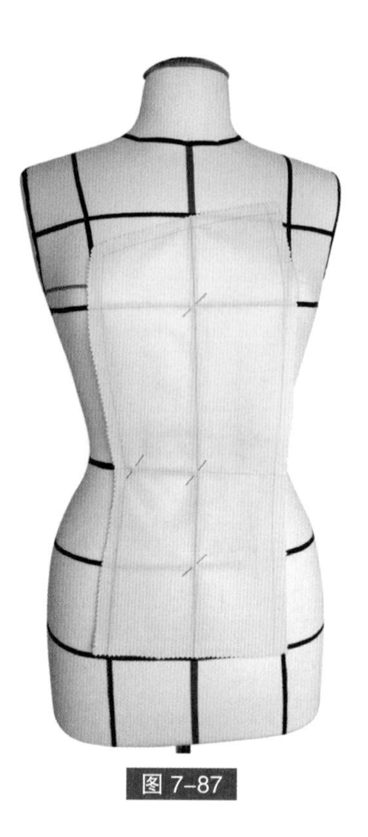

图 7-87

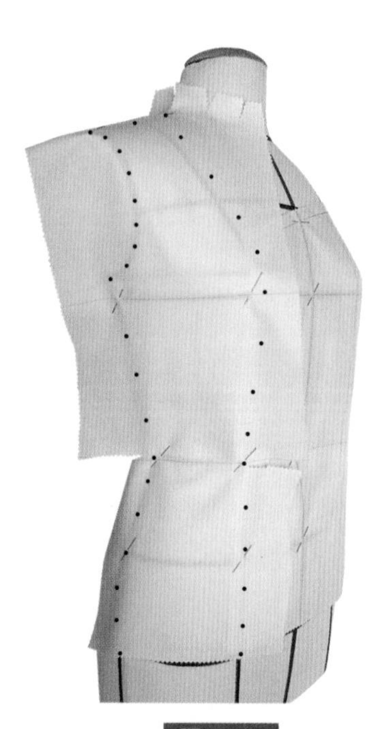

图 7-88

将侧片放在人体模型上，注意布上所画的结构线与人体模型标线要吻合。

为了与前中片拼合，在腰线的位置打上对位刀口。

用点描出分割线，然后根据标线位置，描出侧缝、袖窿弧线和肩线（图7-88）。

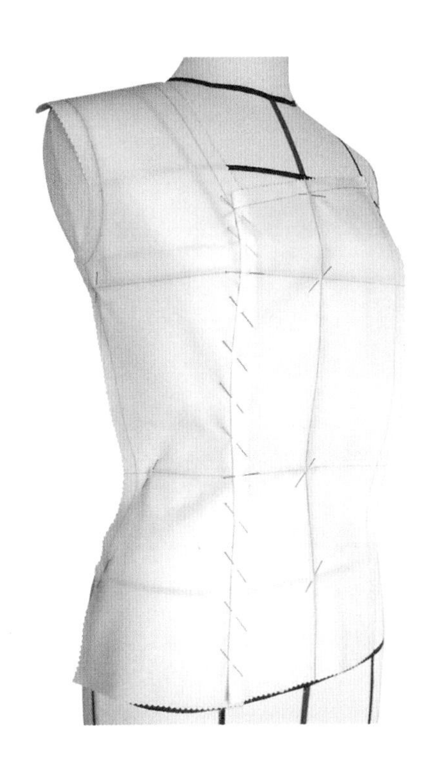
图 7–89

将右侧片从人体模型上取下，拿走大头针，放平，如有必要，低温熨烫。

用直尺和曲线板，按照描点，画出右侧片的轮廓。在四边加上1~2cm的缝份，然后剪下。

沿着通天省，将前中片和右侧片用大头针拼合。重新将衣片放回人体模型，进行调整（图7–89）。最后，用透明的拷贝纸复制右侧片，做出左侧片。

前片样板

建议大家用透明拷贝纸，将衣片样板复制到样板纸上（图7–90）。事实上，纸样板更加容易保存，而且没有样板变形的风险。

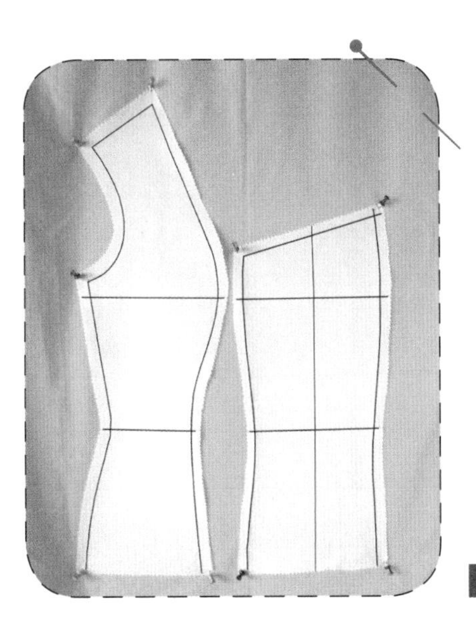
图 7–90